国外油气勘探开发新进展丛书（八）

海上井喷与井控

[挪威] 波·荷兰 著

王平双 何保生 等译

石油工业出版社

内 容 提 要

本书分别对海上油气田开发的各个阶段发生井喷的频率及可能性，井喷事故导致人员伤亡的几率，井喷导致环境污染等方面进行了分析和讨论。还对海上油气田开发过程中火灾的可能性、火灾的时间、火灾趋势、井喷持续时间、井喷通道等因素进行了风险分析，从而为减少或避免井喷事故发生提供了依据。

本书可供从事海上油气田开发的操作和管理人员使用。

图书在版编目（CIP）数据

海上井喷与井控／[挪威] 波·荷兰著；王平双，何保生等译.
北京：石油工业出版社，2011.1
（国外油气勘探开发新进展丛书·八）
书名原文：Offshore Blowouts：Causes and Control
ISBN 978-7-5021-7446-0

Ⅰ.海…

Ⅱ.①波…　②王…

Ⅲ.①海上石油开采－油气钻井－井喷－研究
　　②海上石油开采－油气钻井－井控技术－研究

Ⅳ.TE28

中国版本图书馆 CIP 数据核字（2009）第 217423 号

出版发行：石油工业出版社
　　　　　（北京安定门外安华里 2 区 1 号　　100011）
　　　　　网　址：www.petropub.com.cn
　　　　　编辑部：（010）64523738　　发行部：（010）64523620
经　　销：全国新华书店
印　　刷：石油工业出版社印刷厂

2011 年 1 月第 1 版　　2011 年 1 月第 1 次印刷
787×1092 毫米　开本：1/16　印张：8
字数：146 千字

定价：38.00 元
（如出现印装质量问题，我社发行部负责调换）

序

为了及时学习国外油气勘探开发新理论、新技术和新工艺，推动中国石油上游业务技术进步，本着先进、实用、有效的原则，中国石油勘探与生产分公司和石油工业出版社组织多方力量，对国外著名出版社和知名学者最新出版的、代表最先进理论和技术水平的著作进行了引进，并翻译和出版。

从 2001 年起，在跟踪国外油气勘探、开发最新理论新技术发展和最新出版动态基础上，从生产需求出发，通过优中选优已经翻译出版了 7 辑 40 多本专著。在这套系列丛书中，有些代表了某一专业的最先进理论和技术水平，有些非常具有实用性，也是生产中所亟需。这些译著发行后，得到了企业和科研院校广大生产管理、科技人员的欢迎，并在实用中发挥了重要作用，达到了促进生产、更新知识、提高业务水平的目的。部分石油单位统一购买并配发到了相关的技术人员手中，例如中国石油勘探开发研究院最近就购买了部分实用手册类图书配发给技术骨干人员。同时中国石油总部也筛选了部分适合基层员工学习参考的图书，列入"千万图书送基层，百万员工品书香"活动的书目，配发到中国石油所属的基层队站。该套系列丛书也获得了我国出版界的认可，三次获得了中国出版工作者协会的"引进版科技类优秀图书奖"，产生了很好的社会效益。

2010 年在前 7 辑出版的基础上，经过多次调研、筛选，又推选出了国外最新出版的 6 本专著，即《海上井喷与井控》、《天然气传输与处理手册》、《石油（第六版）》、《气藏工程》、《石油工程环境保护》、《现代石油技术（卷一：上游）（第六版）》，以飨读者。

在本套丛书的引进、翻译和出版过程中，中国石油勘探与生产分公司和石油工业出版社组织了一批著名专家、教授和有丰富实践经验的工程技术人员担任翻译和审校人员，使得该套丛书能以较高的质量和效率翻译出版，并和广大读者见面。

希望该套丛书在相关企业、科研单位、院校的生产和科研中发挥应有的作用。

中国石油天然气股份有限公司副总裁

赵政璋

前　言

　　本书的资料来源是 SINTEF 海上井喷数据库。此数据库所包含的信息对分析海上油田作业风险很有价值。此数据库主要涉及井喷原因和参数，尤其是井喷流动通道、泄漏点、流动介质、着火时间、井喷持续时间、人员伤亡数等，这些对风险分析研究非常重要。此数据库共包含了 380 次井喷的相关信息。

　　本书中提到的井喷事故，仅限于 1980 年 1 月—1994 年 1 月发生在美国墨西哥湾外大陆架、挪威和英国海上油田发生的 124 次井喷事故。

　　本书研究了不同作业情况下的井喷发生频率及其趋势，分析了井喷对死亡事故率的影响，讨论了井喷事故带来的污染，尤其从发生火灾可能性、从井喷到起火的时间、火灾趋势、井喷持续时间、井喷流动通道等方面进行了海上作业风险评价。

波·荷兰

致 谢

首先，我要感谢挪威科技大学的马温—若森教授，一是因为他对本书的编写提供了很大的帮助，本书还参考了他的博士论文；二是源于我对他本人所从事的工作的景仰，这些工作包括安全可靠行研究、SINTEF 培训和在挪威科技大学所做的其他工作。

接下来，我要感谢挪威科技大学允许我根据我的博士论文出版本书。

同时，我要感谢 SINTEF 海上井喷数据库的创立者，因为他们允许我把此数据库作为我论文的研究基础，而且他们在数据库的应用过程中对本数据库做了很好的质量控制。

最后，我还要感谢 SINTEF 安全可靠性研究部门的同事们，尤其是几位执行力很强的秘书。

译 者 前 言

井喷，对于石油人来说是一个敏感的词汇，特别是对于从事海洋石油开发的人来说，可以用"水深火热"这样的词汇来描述，因此，安全有效地开发海洋油气资源是每一个石油工作者毕生追求的目标。

井喷是地层流体（油、气或水）无控制地流入井内并喷出地面的现象，是石油或天然气勘探开发过程中最严重的风险之一。一旦发生井喷事故，地下油气喷出就可能导致爆炸和火灾，甚至造成环境污染、作业人员伤亡、油气资源破坏等重大损失。

《海上井喷与井控》一书系统研究了不同作业条件下的井喷发生频率及其趋势，分析了井喷对死亡事故率的影响，讨论了井喷事故导致的环境污染事故，尤其从发生火灾可能性、从井喷到起火的时间、火灾趋势、井喷持续时间、井喷流动通道等多方面研究和讨论了海上作业各种井控风险及其发生频率，为海上油气田勘探开发井喷风险定量评价提供了依据。

本书的翻译、校审工作由中海油研究总院多年从事海上钻完井工作的专家和技术人员承担。参加本书的翻译人员有：第一章、第四章、第五章、第十一章，何保生、文敏；第二章、第三章，靳勇；第六章、第七章，曹砚锋；第八章、第九章、第十章，彭成勇。本书的校审人员有王平双、何保生、刘书杰、曹砚锋。

由于译者水平有限，书中难免会存在错误及遗漏之处，恳请读者指正。

译 者
2010 年 1 月

目　录

第一章　概　　论

一、为什么进行井喷风险分析

海上油气田的勘探开发过程存在很多风险，会给生命财产安全和自然环境带来威胁。所有海洋工业都存在风险，一些潜在的重大事故风险总是会存在的，重要的是可以通过采取适当的措施，尽可能合理地降低事故风险，使其处在可接受的范围内。

海上油气田勘探开发所面临的风险中，最主要的是高压烃类在失控状态下的释放，如天然气泄漏和井喷。然而，也不要忽视其他重大风险的存在，比如船舶的稳定性、直升机运输、工伤事故等。

历史表明，烃类的失控释放已经导致了多起重大事故。许多发生在北海的重大事故都是人们所熟知的，这包括 1977 年发生在 Ekofisk 油田的 Bravo 井喷事故，1985 年的 West Vanguard 井喷事故，1988 年的 Piper Alpha 天然气泄漏事故，1988 年的 Ocean Odyssey 井喷事故。除了这些，在北海地区还发生过几起不太严重的烃类失控释放事故。

二、风险分析规范

由于海上作业存在风险且有发生重大事故的隐患，在挪威和英国现已强制执行各种海上作业风险分析。

挪威石油董事会（NPD, The Norwegian Petroleum Directorate）已经发行了关于实施和使用石油作业风险分析的具体规范 [3]。此规范的目的是通过风险分析，使得石油作业过程中人员生命、自然环境、资产及金融权益达到和保持在允许的安全级别内。

所规定的安全级别需由一定的评判标准来界定，这些评判标准用来描述作业中风险的可接受程度。在进行风险分析之前，作业者必须给出评判标准。

风险分析的计划、实施、应用和升级应在受控的条件下进行。风险分析得出的每一个风险应当尽力消除或降低。在风险分析中首先应当考虑的是如何降低风险发生的可能性，然后才是如何降低事故发生后带来的损失。

在英国，作业者需要为每一台移动或固定的设备填写被称为"安全状况书"的文件 [6]。此"安全状况书"必须提交给安全环保主管（HSE, Health &

Safety Executive)，它应当被看做是一份"动态文件"，并需要根据技术操作和其他条件的变化不断进行有规律的调整。"安全状况书"的规范是根据 1988 年 Piper Alpha 灾难发生后 Lord Cullen Report [70] 中的建议提出的。Seveso Directiv [19] 最近的修订本中提到的规范也与"安全状况书"的要求相似。

"安全状况书"的规范指出，所有可能导致重大事故的隐患都应该被识别，进行风险评估，并采取适当的措施把对人员的风险降至尽可能低的水平（称为 ALARP 原则）[6]。导致重大事故的有火灾、爆炸、危险物质泄漏等涉及人员伤亡的因素以及会给设备带来重大损坏的其他因素。"安全状况书"的规范中还指出重大危害的相似性应当被评估。

在美国，迄今为止还没有与风险分析相关的海上作业规范出台 [59]。然而，阿尔法钻采平台灾难发生后，美国矿业管理局 （MMS，Minerals Management Service）对海上安全作业和操控程序进行了一系列的审查。MMS 是美国外大陆架 （OCS，Outer Continental Shelf） 的管理机构，它从一项海上船舶研究中得到以下结论：

（1）OCS 作业者应当在他们的安全操作规程中加强"人和组织因素"。

（2）MMS 应当着重关注其规章和检验规程，以强调人、组织和管理是安全环保的决定性因素。

这项研究促成了安全环保管理规程（SEMP，Safety & Environmental Management Program）的制定。此规程的目的是降低美国外大陆架作业的事故及污染风险。

海洋工业要求 MMS 推迟新规范的使用，并允许作业者在自愿的原则下达到这一标准。为了响应 MMS 的 SEMP 的建议，美国石油学会（API，American Petroleum Institute）推出一套新的规范 API RP75，即"推广外大陆架作业和设施的安全环保管理规程的推荐做法"[9]，此规范在 1993 年 5 月出版。MMS 已在 1997 年年中决定允许他们自行制定出新规范。

API 同时还推出了一份配套文件 API RP141 [7]，它讲述了 SEMP 要求执行的危害和风险分析。

三、高质量风险分析的重要性

当进行量化的风险分析（QRA）时，为了确保分析质量令人满意需要做到以下三个方面：

（1）完全理解系统及其操作特性；

（2）正确使用风险分析方法；

（3）保证风险分析数据输入的准确性。

通常，风险分析是通过使用不同的模型输入相关的风险数据来完成的。无论是模型还是数据都会或多或少的存在不够完善的地方。重要的是，风险分析应当能够近似反映风险的真实场景，并可以判定造成重大风险的因素，同时对各因素进行分级。如达不到此目的，这个分析的效果就是有限的，或没有价值的。

海上设施风险分析按照不同的等级执行。在概念设计阶段，要进行概念分析。概念分析的结果会影响到概念设计的结论。在项目运行过程中，不同的情形会对应不同等级的风险分析。风险分析可以被看做是一份"动态文件"，它会根据技术操作和其他条件的变化进行有规律的调整和升级。

风险分析会很大程度地影响到海上设施的设计，并且可以指导公司是否应该采取保护措施。例如，挪威曾新建造了两座张力腿平台（TLPs，Tension Leg Platforms）。原则上讲，这是两套相似的设施。为了确定要达到风险分析标准立管是否需要装防火层，咨询公司（两个平台各一家）进行了风险分析。分析结果表明只有其中一个平台的隔水管需要防火层。那座不需要防火层的平台，可以节省至少 1.2 亿美元的安装总投资 [49]。节省投资的这座平台已在另一座平台安装两年后安装完毕。新式的地面控制井下安全阀（SCSSV，Surface Controlled Subsurface Safety Valves）的可靠性数据是咨询公司得出不同结论的主要原因（也就是说新的可靠性数据表明地面控制井下安全阀的可靠性与先前经验相比已经大大提高了）。

一个值得考虑的问题是，能否通过使用其他方法而不是使用价格昂贵的防火层来达到一个可接受的风险等级（也就是减小井喷的可能性或减小井喷导致原油泄漏并进一步引发海洋火灾的可能性）。

前面的例子说明了正确的风险分析的重要性，而且输入准确的数据对风险评估本身和对各种降低风险的措施的评估都是非常重要的。

本文讲述的是 1980—1994 年美国墨西哥湾外大陆架、挪威和英国的北海区块的井喷事故的经验教训。这些事故记录都存储在 SINTEF 海上井喷数据库中 [61]。本文来自此数据库的数据信息见 22 页 "SINTEF 海上井喷数据库"部分。

第二章　死亡事故率和井喷

一、概况

大多数人认为井喷是海上作业最主要风险之一[58]。

海上作业通常存在以下几点风险：

（1）人员伤亡；

（2）环境污染；

（3）财产损失。

财产损失风险似乎主要是由井喷事故造成的。1980—1994 年在美国墨西哥湾和北海发生的 118 次井喷（不包括外部原因导致的井喷）事故中，有 14 起导致了海上设施全部损失或严重损坏。在这 14 起井喷事故中，有 12 起发生了火灾。火灾本身是造成这 12 起事故损失重大的主要原因。两起没有发生火灾的井喷事故在海底形成了坑穴，其中一起导致了平台下沉，另一起导致了平台倾斜。除了带来重大经济损失外，井喷同时会造成严重的工期损失，并且发生井喷的井经常需要进行封堵、弃井、重钻等作业。总之，井喷是代价非常昂贵的事故（详见第六至第十章）。

环境污染方面，1980—1994 年在美国墨西哥湾和北海发生的井喷事故中，没有任何一起事故导致原油或凝析油大量泄漏到海上。据报道，最严重的一起事故也只有 10m³（63 bbl）的原油泄漏到海中，有多起事故后果都是较少体积的原油泄漏到海里导致海水上漂浮着许多油花。然而，在其他时期和区域，却发生了多起井喷引起大量原油泄漏的事故。1970—1994 年，因井喷而导致了大量原油泄漏的事故有：

（1）1992 年 9 月，在美国（非外大陆架区域）；

（2）1989 年 5 月，黑海；

（3）1987 年 10 月，墨西哥；

（4）1986 年 5 月，委内瑞拉；

（5）1984 年 10 月，印度尼西亚；

（6）1983 年 3 月，委内瑞拉；

（7）1983 年 2 月和 3 月，伊朗，两起事故都是两伊战争引起的；

（8）1980 年 10 月，沙特阿拉伯；

(9) 1980 年 2 月，西班牙；

(10) 1980 年 1 月，尼日利亚；

(11) 1979 年 6 月，墨西哥；

(12) 1978 年 2 月，伊朗；

(13) 1977 年 4 月，挪威；

(14) 1973 年 8 月，特立尼达岛；

(15) 1971 年 12 月，伊朗。

1980 年 1 月发生在尼日利亚的井喷是这些事故中最严重的。$3 \times 10^4 t$（$22 \times 10^4 bbl$）原油污染了岛屿和尼日尔三角洲的河道，使数千尼日利亚渔民的食物供给受到影响。据尼日利亚政府报道，有 180 人因饮用水被污染而死亡[53]。然而，作为作业者的德古士石油公司声称，经详细调查，没有证据显示井喷和原油泄漏带来了直接的人员伤亡。

根据以往经验，在美国墨西哥湾外大陆架及北海地区因井喷而发生烃类泄漏的可能性似乎较小，但根据其他地区的经历，在美国墨西哥湾外大陆架及北海地区，大量烃类泄漏的风险仍然存在（详见第六章至第十章）。

根据 1993 年 MMS 的新闻发言稿，统计数据显示对世界范围内海洋区域造成污染的石油有 45% 源于油轮和其他船只，53% 源于地方和工业的排放，只有大约 1.5% 是源自海洋油气生产[60]。

Bravo 井喷事故，北海挪威海域，1977 年

在修井作业中，油井开始溢流。修井队没有控制住初期的溢流，后来导致了重大井喷事故。本次井喷持续了 8 天，有超过 $2 \times 10^4 m^3$（$12.5 \times 10^4 bbl$）的原油溢油。

二、人员风险指数

人员事故风险经常用每个时间单元内受伤和死亡人员数量的观测值来评估。对于井喷事故分析而言，这种与受伤害人员数量相关的评估方式具有局限性。井喷导致的人员伤亡数量与普通作业带来的伤亡数量相比并不明显。

北海地区评估单位时间内的人员伤亡数量一般用死亡事故率（FAR, Fetal Accident Rate）来表示。FAR 被定义为 $10^8 h$ 的"暴露时间"内估计的人员伤亡数量[24]。

在工业风险分析中，用来计算 FAR 值的"暴露时间"用工作小时数来表示。对海洋作业风险分析而言，FAR 值可根据人员实际工作时间或在装置上的总时间来计算。FAR 值还应用在其他领域，比如空难，这里的"暴露时间"通

常是乘客乘机的小时数。

在陆上作业风险评估中，FAR 值常被用来定义可接受的标准。这种情况下，确定是根据人员的实际工作时间还是待在装置上的总时间来计算 FAR 值是非常重要的。

FAR 值是风险分析的一个合理的度量方法。如果能正确使用，此值将合理体现真实的人员伤亡风险。尽管如此，还必须指出非常重要的一点，那就是对特定装置（海洋平台或化工厂）的 FAR 值，永远都无法通过实际发生的人员伤亡事故的经验来校核其准确性。这是因为高伤亡数量的小概率事故通常对 FAR 值的估算有很大的影响。如果有这样的一起事故发生，实际的 FAR 值将比 FAR 的评估值高得多，反之亦然，如表 2-3 所示。从表 2-3 中可以看到，Piper Alpha 和 Alexander Kielland 两起事故完全改变了整个北海地区的 FAR 值。

Piper Alpha 气体泄漏，北海英国海域，1988 年

Piper Alpha 生产平台上的爆炸引发了火灾，整个平台被完全烧毁，167 人丧生，每天损失的石油收益达数百万美元。

Alexander Kielland 事故，北海挪威海域，1980 年

在恶劣天气下，作为 Ekofisk 油田生活区的 Alexander Kielland 的半潜式钻井平台的一条锚链被拉断，整个平台倾覆。平台上的 212 名操作人员中有 123 人丧生。

三、海上作业致命事故

1980—1994 年在美国墨西哥湾和北海发生的 118 起井喷（不包括不可抗力导致的井喷）事故中，有 7 起导致了人员丧生。北海的两起井喷事故共导致了 2 人死亡，而美国墨西哥湾外大陆架的 5 起井喷事故共导致了 18 人死亡。

表 2-1 中列出了总伤亡人数。表 2-1 中数据同时也包括了直升机运送作业人员过程中的人员死亡数量。

表 2-1 中给出的人员死亡人数与世界海洋事故数据库（WOAD, World Offshore Accident Databank）[73] 中统计出的死亡人数不同，在 WOAD 中，在相同时期内死亡人数只有 487 人。作者认为表 2-1 中信息的来源更加准确。

SINTEF 海洋井喷数据库显示，在相同的时期和地区因井喷而造成的人员死亡数量为 20 人（也就是死亡总人数的 3.5%）。如果不考虑 Piper Alpha 和 Alexander Kielland 的事故，总的死亡人数为 278 人（此时井喷导致的人员死亡人数占总死亡人数的 7.2%）。

表2-1　1980年1月—1994年1月北海、美国墨西哥湾死亡人数统计

地区	1980—1994年发生事故次数*
挪威	150**
英国	274***
美国墨西哥湾	144
总计	568

*　　数据来源于参考文献 [45]、[52]、[1] 和 [2]。

**　　内含 Alexander Kielland 事故中丧生的 123 人。

***　　内含阿尔法平台事故中丧生的 167 人。

　　在海洋工业中，井喷会对人员生命安全带来显著的危害。然而，根据以往井喷数据来看，并不能说井喷事故是导致北海及美国墨西哥湾外大陆架地区发生人员伤亡的主要原因。

　　在某起井喷事故中，19 人死于硫化氢中毒（沙特），在另一起井喷事故中，16 人在火灾中丧生（秘鲁）。这两起事故是世界范围内最严重的海上井喷事故，在事故中井喷是导致人员死亡的直接原因。另外，还有两起井喷事故间接导致了多人丧生。其中一起事故是尼日利亚的严重污染导致了 180 人丧生。另一起悲剧是 37 个人在逃生过程中因救生船缆绳断裂而丧生（巴西）。

四、公开数据

　　在北海和美国墨西哥湾外大陆架，公开数据很难获得。用在此地区的公开数据源自多个渠道，并且是较粗略估计的。

　　用来估算暴露时间的参考渠道如下：

　　（1）WOAD [73]：估算了在北海和美国的墨西哥湾外大陆架区域的移动设施上每年的人员暴露时间总数。来源于此的数据并不精确，这些数据是根据移动船只的定员人数来估算的。

　　（2）1994 年海上事故和事件统计报告 [52]：估算了英国海域上的工作人员数量。这个统计没有区分固定设施和移动设施。

　　（3）NPD1994 年年度报告 [51]：给出了自 1976 年以来每年固定设施上人员工作时间总数和自 1989 年以来移动设施上人员工作时间的总数。

　　（4）SINTEF 海上井喷数据库给出的已钻的和正在生产的井数 [61]。

　　（5）与 MMS 代表电话交谈的内容 [65]。

　　综合来看，以上公开数据来自不同的地区。公开数据的分类见表 2-2 所示。

如何综合以上数据源在表 2-2 下面有所注释。必须指出的是，此处的公开数据不是很准确，在作其他分析时要谨慎使用这些数据。

表 2-2　1980 年 1 月—1994 年 1 月北海和美国墨西哥湾外大陆架地区曝光人员经验数据统计表

地区	装置类型	1980—1994 年期间每 10^6h 的死亡人数	数据来源 / 假设
挪威	固定	253	挪威石油董事会 1994 年年报 [51]
	移动	64	挪威石油董事会 1994 年年报 [51]，1980—1988 年期间。1989—1993 期间的数据是由此期间开发井的相对数据推断而来
	小计	317	以上总和
英国	固定	532	*
	移动	219	*
	小计	751	1994 年海洋事故与意外情况统计报告 [52]，假设 1 年工作 1800h
美国墨西哥湾外大陆架	固定	1350	总数减去移动装置人数
	移动	244	WOAD[73] 假定一年工作 1800h
	小计	1594	**
总计	固定	2134	
	移动	528	
	小计	2662	

* 　文章假设在挪威和英国，移动装置工时与探井数目存在线性关系，由此估计英国移动装置工时为 64.1 × (1859 英国井数 /543 挪威井数) =219.4×10^6h，加上挪威的人数，并且该数据不包括在荷兰、丹麦以及德国等相关的少数已钻井数，北海地区计算的人数将高出 WOAD 估计数，该数据足够精确。

** 　美国墨西哥湾没有统计数据报告，该数据是根据以下方法计算求得：美国墨西哥湾所有伤亡估计都发生在 1995 年的飓风事故中，包括 26000 名工人。假设工作和休息人员各占 50%，并且从 1980 年开始员工数保持不变，则总工时约为是 2600×0.5×24×365×14=1594×10^6h。

五、死亡事故率经验值

尽管第 7 页的"公开数据"中列出的数据不太准确，说明不了最真实的情况，但它可以为 FAR 值的粗略计算提供数据基础。第 6 页中列出的海上作业死亡数据被认为是准确的。

表 2-3 列出了挪威、英国和美国墨西哥湾外大陆架的 FAR 经验值。

表 2-3   1980 年 1 月—1994 年 1 月期间英国、挪威和美国墨西哥湾外
大陆架地区 FAR 经验值统计表

（数据来源于表 2-1，表 2-2）

地区	FAR 计算条件	FAR（死亡人数 /10⁸ 工时）
英国	总 FAR（包括 Piper Alpha 事故）	36.50
	总 FAR（不包括 Piper Alpha 事故）	14.20
	计算得出的总 FAR 经验值	0.13
挪威	总 FAR（包括 Alexander Kielland 事故）	47.30
	总 FAR（不包括 Alexander Kielland 事故）	8.50
	计算得出的总 FAR 经验值	0.32
美国墨西哥湾	总 FAR	9.00
	计算得出的总 FAR 经验值	1.13
总计	总 FAR（包括 Piper Alpha 事故）	21.30
	总 FAR（不包括 Piper Alpha 事故）	10.40
	计算得出的总 FAR 经验值	0.75

经验显示，北海地区的总的 FAR 值高于美国墨西哥湾外大陆架地区。如果不考虑 Piper Alpha 和 Alexander Kielland 事故，北海英国海域的 FAR 经验值大约比美国墨西哥湾外大陆架和北海挪威海域的经验值高 50%。

众所周知，海上的钻井作业要比其他作业具有更高的风险。相对来讲，北海地区比美国墨西哥湾外大陆架有更多的钻井作业。从第 26 页的表 4-1 中可以看出 1980—1994 年北海地区钻井数量只占美国墨西哥湾外大陆架地区的 37%。从第 28 页表 4-4 中可以看到，北海地区使用中的油井·年数量只占到美国墨西哥湾外大陆架数量的 15% 左右。这说明北海地区钻每口井的平均工期比美国墨西哥湾外大陆架地区要长得多（表 4-3）。这就意味着美国墨西哥湾外大陆架的 FAR 值应该比北海地区的小（在不考虑 Alexander Kielland 和 Piper Alpha 两起事故的情况下）。

然而，美国墨西哥湾外大陆架地区的平均设施尺寸要小于北海地区。这就意味着，美国墨西哥湾外大陆架地区不从事钻井作业的工人在某种意义上与北海地区不从事钻井作业的工人所从事的工作是不同的。或许工作类型的不同给北海地区带来了更大的作业风险，这一点不得而知。

而在美国墨西哥湾外大陆架地区，井喷事故对总的 FAR 值的影响程度要比北海地区高一些。在北海地区，只有 2 起井喷事故导致了人员丧生，其数量均

为 1 人。而在美国墨西哥湾外大陆架地区，则有 5 起井喷事故导致了人员丧生，其数量分别是 6 人、5 人、4 人、2 人和 1 人。

因为在美国墨西哥湾外大陆架和北海地区大多数工人的工作形式不同，所以根据以上那些数据对这两个地区的比较没有太大的意义。

SINTEF 海上井喷数据库显示，每 20 个死亡人员中，有 12 个是在移动设施上遇难的，有 8 个在固定设施上。在移动设施上遇难的 12 名员工，有 10 名是在美国墨西哥湾外大陆架地区遇难，另外 2 名在北海地区。参考 WOAD 中的移动设施公开数据，美国墨西哥湾外大陆架和北海地区的移动设施上井喷事故带来的 FAR 值见表 2-4 所示[73]。

表 2-4　美国墨西哥湾大陆架、北海地区在
移动装置发生井喷的 FAR 经验值统计表

地区	FAR（死亡人数 /10^8 工时）
美国墨西哥湾	4.1
北海	0.8

从表 2-4 中可以看到，美国墨西哥湾外大陆架地区移动设施上井喷事故带来的 FAR 值要比北海地区的大许多，其原因并不清楚。井喷事故带来的后果的无规律性可能是影响井喷 FAR 值不同的一个原因。看起来北海地区的移动设施的平均质量似乎比美国墨西哥湾外大陆架地区的更好，原因之一是严格的政府管理规范，原因之二是北海地区有更加恶劣的环境和更深的水深，原因之三是美国墨西哥湾外大陆架地区的移动设施比北海地区的更旧一些。北海地区的安全标准（逃生可能性、应急程序、应急训练、火灾监测和消防措施等）比美国墨西哥湾外大陆架地区的更严格也可能是 FAR 值不同的一个原因。

六、与其他行业的对比

本文同时要关注其他行业 FAR 值。1994 年美国所有工业的总 FAR 值为每 10^8 个工时伤亡人数为 2.6 个[67]，本文没有得到更加详细的数据。在挪威，1992 年所有工业（包括海洋工业）的总 FAR 值也是每 10^8 个工时伤亡人数 2.6 个[62]，更加详细的数据在参考文献 [43] 中。这些数据显示英国所有工业的总 FAR 值是 4，德国、法国和英国的化学工业的总 FAR 值为 5。还给出了一些其他的 FAR 值，但这些数据相对陈旧。1993 年出版了关于日耳曼国家（丹麦、芬兰、挪威、瑞典）人员伤亡事故的报告[20]，表 2-5 列出了此报告中的 FAR 值。

表 2-5　北欧国家 FAR 经验值统计表

行　业	FAR（死亡人数 /10^8 工时）*
农、林、渔、猎	6.1
采矿业（陆地）	10.5
工业，制造业	2.0
电、气、水供给	5.0
建筑和结构业	5.0
贸易、饭店和宾馆	1.1
运输、邮政和电信	3.5
银行，保险	0.7
私人、公共服务业等	0.6
总　计	2

* 　假定每个雇员一年工时为 1800h。

　　值得关注的是，若考虑到 Piper Alpha 和 Alexander Kielland 两起事故时，北海地区的 FAR 值比风险最高的其他工业要高得多。若不考虑以上这两起事故的发生，北海地区与陆上风险最高的行业的 FAR 值大小相当。

第三章 井控措施及分析

在所有油井作业过程中井控都是非常重要的。井控失败会导致井喷，带来严重的财产损失、环境污染和人员伤亡。

井喷定义：流体在井口或井筒中无控制的流动称为井喷。除非特别界定，井口控制阀正常工作状态时流体在管汇（管线）中流动不被视为井喷。若井口控制阀失灵，则此时的流动视为井喷[1]。

一、油井作业中的井控措施

1．井控措施定义

井控措施是指能够阻止地层流体从地层流出到大气环境的手段（方法）[64]。

2．井控措施要求

NPD[3]制定了与井控措施相关的如下规则：

（1）根据规则，在钻井和油井作业过程中，至少要有两套独立的且经过测试的井控措施来防止井喷。

（2）井控措施的设计要满足失效后能够迅速重新建立井控措施的要求。

（3）一旦井控措施失守，应立即采取相关措施保证安全，直到至少两项独立的井控措施重新建立。无论何种理由，在重新建立起两套井控措施前不能进行任何作业。

（4）井控措施应确保失效时可被识别和确定。在任何时候，都必须清楚井控措施的位置和状态。

（5）操作者应该达到可以实现不同井控措施的要求，并要能够提供这些要求得以执行的书面记录（文件记录）。

（6）井控措施应可以测试。要确定试验方法和周期。若条件允许，应在溢流中进行测试。

NPD 发行了处理浅层气的专用规范，其中包括在钻上部井段时将天然气分流作为二级井控措施的可能性。然而，根据井控措施的定义，这不属于井控措施。作为补充信息，NPD 发行了井控措施规则的专用指南。

与挪威一样，美国墨西哥湾外大陆架和英国的规范也都包含了非常严格且正式的井控措施准则。然而，在英国，以前卫生和安全执行局（HSE，Health and Safety Executive）的规范推荐在完井和修井过程中使用两套井控措施，而现在的规范不像以前那么具有针对性。一般的现场操作都在遵循此规范。在美国墨西哥湾外大陆架地区，油井作业一般不规定如何设置井控措施，油井作业的要求不会针对井控措施的数量，而是与操作细节相关[15]。

然而，尽管在规范中没有明确指出，一般来讲，在英国和美国墨西哥湾外大陆架地区，两套井控措施准则都适用。

两套独立的井控措施一般被称为一级井控措施和二级井控措施。对于处在静液柱压力控制下的井，将静液压力作为一级井控措施，而将地面设备（一般为防喷器）作为二级井控措施。在自喷井中，靠近储层的井控措施一般被视为一级井控措施，这通常指封住环空的封隔器、地面控制井下安全阀以及其下部的油管。二级井控措施则指地面控制井下安全阀上部的油管、采油树主阀、套管和井口装置、采油树环空。

表 3-1 列出了不同类型的井控措施。这里是通过功能、操作方法和时效原因对其进行分类。表中列出的井控措施只是几个举例，除了这些，还存在许多其他的井控措施。

表 3-1　典型封堵

封堵类型	描　　述	举　　例
可操作性封堵	通过人员操作实现封堵，人员可观察封堵失效与否	钻井液、填料盒
激活性封堵（待命封堵）	需要外部操作来实现封堵，一般在常规测试中可以察觉封堵效果失效与否	防喷器、采油树、地面控制安全阀
被动封堵	封堵器材固定在某位置，无需外界作用就可实现封堵	套管、油管、压井液、封隔器
条件封堵	既不需要固定位置，也不具有永久封堵作用	WR-SCSSV

二、井控措施分析

在过去的十年中，井控措施分析在挪威已经变得越来越普遍。这些分析被用来：

（1）在考虑到井喷概率的前提下对不同完井方式进行比较；

（2）对已完成设计的井进行井喷风险分析；

（3）找出完井过程中井控措施潜在的问题；

（4）评估各种降低风险措施的效果；

(5) 找出修井过程中井控措施潜在的问题。

井控措施一般有两种主要类型：

(1) 静态井控措施；

(2) 动态井控措施。

静态井控措施指可在较长时间段内使用的井控措施。这种井控措施一般在生产井、注入井或临时关井时使用。

动态井控措施会随时间的延续而变化。这种井控措施一般在钻井、修井和完井过程中使用。

对静态井控措施而言，井控措施原理图可用来说明和分析井控措施的作用原理（图 3-2 是图 3-1 的原理图）。15 页的"井控措施原理图"部分更加详细的解释了井控措施。

动态井控措施一般不使用井控措施原理图来分析说明，而是使用其他方法，比如通过审核每一步操作程序来分析它。对每一步操作程序，必须确定井控措施的改变会带来什么样的风险。

"危害及作业可行性分析 (HAZOP，Hazard and Operability Analysis)"是用来分析钻井作业风险和可行性的一种方法。这种方法是 Corner 等人提出的 [16]。这种方法基于 HAZOP，HAZOP 是工艺装置设计的危害及作业可行性分析方法 [25]。

HAZOP 涵盖了作业过程中的每一步，其导语部分提出了与每一步作业程序相关的风险和操作性问题。这种方法需要有一个能够掌握多个油田详细情况的分析团队。HAZOP 已经进一步发展并更加广泛地应用到钻井以外的其他井上作业中。现在的 HAZOP 一般指更加广泛意义上的程序化的 HAZOP，除了井控措施问题外，它还将包含可操作性问题。

作者开发和使用了一种简单的方法来分析动态井控措施 [34]。这种方法也与操作程序有关。对于分析人员来说，了解井的实际操作和能够从实际操作人员那里得到操作数据同样重要。分析过程中要填写一份特殊的工作表，带有下列选项：

(1) 操作程序共有几个步骤；

(2) 操作细节（简要描述操作程序中每一步包括的操作细节）；

(3) 列出一级井控措施；

(4) 列出二级井控措施；

(5) 危害评估（主要涉及可能发生的及由于设施损害引起的全部事故）。

进行动态井控措施分析的主要目的是找出操作程序中没有处在两级井控措施保护下的操作步骤和井控措施可靠性不够的操作步骤。对不同的分析，填写的工作表可以不同。这种方法比程序化的 HAZOP 更加节省资源。然而这种方法并不能代替程序化的 HAZOP。显然，程序化的 HAZOP 是在整个操作程序将要结束的时候才完成的，而上面讲到的方法是在设计操作步骤时使用的。这种分析得到的结果和考虑到的事项对程序化的 HAZOP 来讲是非常重要的输入参数。

1. 井控措施原理图

解释井控措施原理图的最好方法是应用实例来对井控措施进行分析说明。下面的例子是一口采用砾石充填完井的预钻生产井，计划进行一段时间的临时弃井。之后，这口井会被重新打开，然后进行回接完井。井控措施分析用来研究临时弃井阶段井控措施的可靠性。图 3-1 是临时弃井阶段的井控措施的示意图。

井控措施的主要目的是阻止储层流体进入外界环境。不考虑套管、水泥和地层本身等井控措施，从图 3-1 中可见密封总成、防砂封隔器、球阀、底部封隔器、桥塞和顶部封隔器都是井控措

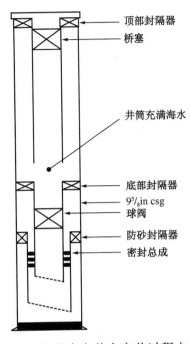

图 3-1   防砂生产井在弃井过程中的封堵

施。应当指出，井筒中的盐水在这里没有被视为一种独立的井控措施，因此它并没有在井控措施原理图中出现。这是因为如果盐水以下的井控措施发生泄漏，则盐水会漏向地层，最终将会使整个套管容积完全被地层流体取代。

油藏与外界环境之间可能的泄漏通道必须得到确认，以建立一张井控措施原理图。图 3-1 中的泄漏通道将会经过图 3-2 中不同井控措施的泄漏点。从图 3-2 的井控措施原理图中可以看出图 3-1 中的各井控措施之间的关系。

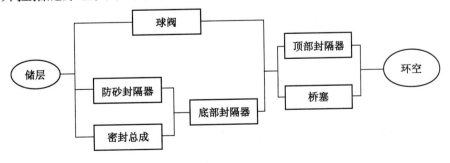

图 3-2   临时废弃生产井的封堵流程图

从图3—2中可以看出，如果在临时弃井阶段球阀发生故障，顶部封隔器和桥塞将成为油藏和外界环境之间唯一的井控措施。这两个井控措施中的任意一个发生泄漏都会导致地层流体泄漏到外界环境中或井喷。然而，若密封总成发生泄漏，这口井将仍然存在两级井控措施，包括底部封隔器、顶部封隔器和桥塞。在井控措施原理图的这个分支中，共有三级井控措施。

井控措施原理图的复杂性取决于对井的状态分析的复杂性。井控措施原理图主要用在不同完井方式的选择上，也用于水下采油树和防喷器系统的连接处。

井漏或井喷的可能性大小取决于每个井控措施处发生泄漏的可能性和各井控措施之间的结构关系。从井控措施原理图上各井控措施的结构关系和各措施假定的可靠性数据，可直接估算出发生泄漏或井喷的可能性，预估使用的各井控措施的可靠性数据。井控措施原理图的复杂性，决定了这个计算过程的复杂性。因此，井控措施原理图经常被转换为评估泄漏或井喷可能性的故障树分析方法。这种转换非常简单。图3-3中的故障树就是从图3-2的井控措施原理图转换来的。许多教科书中都讲到过故障树分析[37]，也讲到过很多构建和分析故障树的应用程序，其中包括CARA故障树程序[14]。

故障树的主要元素包括顶上事件、与门、或门和基本事件。基本事件和系统结构的组合决定了首要事件是否会发生。找出最小的故障单元是故障树分析的决定性因素。最小故障单元指保证不发生泄漏或井喷的有效井控措施的组合。在图3-3中，某个基本事件组合（桥塞的泄漏）和一个基本事件（球阀的泄漏）代表一个最小故障单元，因为如果这两个事件同时发生，将一定导致顶上事件发生，即地层流体泄漏（甚至喷涌）入海水中。

2. 作业阶段

本节讲述可能发生井喷的主要作业阶段的分类。对不同作业阶段分类的目的是为了避免在不同作业阶段之间对井喷事故的原因、概率和后果等进行无意义的比较。在进行风险评估和（或）进行降低风险的措施评估时，不同作业阶段间的区别非常重要。根据主要作业阶段的不同对井喷事故进行分类，最主要的分类依据之一便是在不同的作业阶段要使用不同的井控措施，其他依据有公开数据形式的差异及不同作业阶段事故概率的差异等。本文中提到的不同作业阶段有：

（1）勘探钻井井喷，包括两类：①浅层气井喷；②"深层"井喷。

（2）开发钻井井喷，包括两类：①浅层气井喷；②"深层"井喷。

（3）完井井喷。

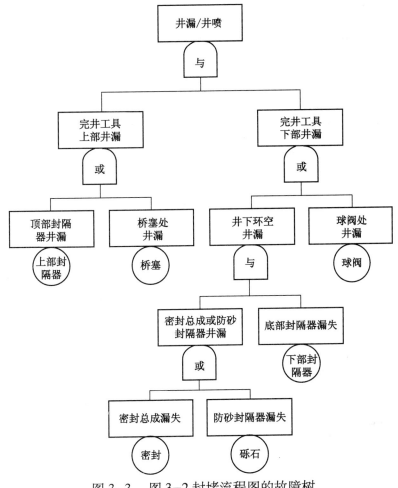

图 3-3 图 3-2 封堵流程图的故障树

（4）修井井喷。

（5）生产过程中井喷。

（6）钢丝作业过程中井喷。

勘探钻井的目的是寻找油气显示或确定油藏边界。相对于钻开发井，钻这类井时对地质条件和地层情况的认识相对少一些。

开发钻井的目的是钻生产井或注入井。相对于钻勘探井，钻这类井时对地层有了更加详细的认识。

从原理上讲，开发钻井和勘探钻井没什么不同。但是，由于开发钻井时对地层状况有更加详细的了解，历史上开发钻井的井喷概率要比勘探钻井低。这是要把勘探钻井和开发钻井区分成两个不同的作业阶段的主要原因。

浅层气井喷发生在较浅地层，因地层强度不够，无法利用防喷器来关井，也就是说，此时的井处在只有单级井控措施的状态。此时唯一的井控措施是泥浆的静水压力。"深层"井喷显然要比浅层气井喷发生的深度大得多，此时泥浆的静水压力为一级井控措施，防喷器、套管和地层是二级井控措施。

完井是指开发钻井结束后为投产做准备的所有作业步骤。完井过程中井控措施将因作业的变化而不同。在完井的开始阶段，主要使用的是钻井井控措施；在结束阶段，使用的则主要是生产井控措施；而在中间阶段，各种其他的井控措施将被使用。在一些特殊操作中，在井筒和井口处都可能会使用堵塞器。特殊类型的完井设备在下井过程的某个特定阶段，将使井控措施失效。

修井指井的维修保养作业。当井出现了技术故障或产能问题时需进行修井作业。修井作业一般需要全部或部分上提生产管柱。在修井过程中，井控措施会显著的变化，就像完井过程一样。在修井过程的开始和结束阶段，典型的生产井控措施将被使用。在某些特定阶段，在井筒和井控设备中将使用堵塞器。在某些具体操作过程中，特定种类的工具下入井中的过程将使井口的功能失效。

生产阶段是最为静态的井控措施状态。通常，地面控制井下安全阀和采油树是可实现关井的井控措施。而封隔器、油管、套管和地层是必备的固定的井控措施。

通常，钢丝作业也是井的维修保养作业。在钢丝作业中，某件工具会用钢丝悬挂着下入油管，以替换油管内某件工具，或者安装新的工具，或者进行测井作业。这些作业过程将使地面控制井下安全阀失效，取而代之的是在采油树顶部安装钢丝作业防喷器和（或）试井防喷管。

三、井喷事故调查模型

1.概述

进行事故调查的目的是揭示以下几点：

（1）发生了什么？

（2）发生的原因是什么？

（3）如何避免将来类似事故的发生？

根据某事故研究人员的观点，进行事故调查的主要目的是寻求某种方法，以降低将来发生事故的风险。寻求的方法可以是任何类型的，包括工艺装置的安装技术、岗位职责、人员培训、管理等。追查事故责任并不重要。

事故发生后，公众通常要求展开事故调查来找到事故原因。这样的调查经常用来找出谁是事故的责任人。这种途径可能刺激到那些了解事故的人，致使他们掩盖自己或自己所在团队的错误，却并没有指出事故原因所在，进一步的保护措施无法得以实施。因此相似的事故可能会在将来再次发生。

在挪威，严重的职业性事故后经常会进行事故调查，这些事故包括严重的财产损失和严重的污染事故。然而，在很多情况下，事故调查分析的质量会受到质疑。下面列出了事故调查中经常出现的问题：

（1）对发生的事故未进行恰当的描述；

（2）缺乏系统性及清晰的调查过程文件和结论；

（3）可追溯性差。

以上这些问题普遍出现的原因是调查中没有提供规范的事故调查方法。现在已经开发出很多事故调查的模型或方法。通过使用合适的模型，可以进行更加全面的事故调查并获得更加严密的报告。

在安全研究中，已经致力于开发事故分析模型，以支持事故查询和制定事后处理措施，建立和开发出的事故模型是基于事故理论得出的。这个理论是对事故原因和后果的解释。事故理论可用来描述事故原因、单个事故之间的关系、事故的形式等。

事故原因与以下各因素有关：

（1）物理性能和技术参数，如能量、质量、力、强度、速度等。

（2）人的因素，如意识、技能、了解程度、动机、态度等。

（3）社会因素，如生活方式、生活标准、出行方式、生活方式等。

（4）政策和管理因素，如法律法规、方案、程序、操作、维护等。

事故原因通常比较复杂，因为它可能与技术、人、社会和政策等多方面因素有关。

2. 事故调查模型

大多数井喷事故原因复杂。导致事故的直接原因经常看上去比较简单，但其间接原因却会复杂得多。比如，间接原因可能是不恰当的培训、用人不当、高的人员流动、责任心差、缺乏判断、不恰当的维护、不合适的作业程序、其他作业的影响、作业环境等。

表3-2显示了一个典型的井喷过程和可能带来井喷的因素及井喷造成的后果。此表只是个简单的示例，有些重要的因素可能并没有考虑到。

表3-2中可以看出，要详细调查一件井喷事故，有许多因素需要考虑到。并没有某个事故模型可以囊括所有的影响因素。某个模型可能适合模拟某个事故的全过程，而另一个模型可能更加适合研究一些特定的影响因素，比如管理因素、人机交互作用因素等。

表 3-2　典型井喷历程、成因及结果分析

状态改变	事故阶段	影响状态改变的原因或下一状态带来的后果
一级井控措施失守	正常作业（两级井控措施）	（1）法律法规； （2）钻机和安全设备质量； （3）井位的特定条件（地质）； （4）对井位缺乏了解（地质）； （5）作业工序（人员不足或过失）； （6）缺乏安全意识，表现在： 　①油井设计（钻进程序和井眼轨迹设计），作业工序（井控和常规操作）； 　②作业者心态和知识水平； 　③管理者水平。 （7）作业者知识不足
二级井控措施失守	单级井控措施	（1）一级井控措施失守； （2）二级井控措施的质量和可靠性； （3）对目前的井况缺乏认识； （4）井控操作程序错误； （5）压井程序不准确或没有按遵循规程进行压井作业
井筒自身或人为控制井喷能量	井喷初期	（1）没有应急措施； （2）着火源； （3）流体类型和体积； （4）泄漏点； （5）结构完整； （6）环境方面； （7）构造成本； （8）人员配备
重新建立一、二级井控措施	井喷	（1）救生船只可用性； （2）油井完整性； （3）井口完整性； （4）地面设备损坏； （5）钻机是否可用来打救援井
	井控恢复	

当使用常用的事故模型进行一个井喷事故调查时，以下几点很重要。这个模型应该：

（1）是一个时序型的模型（过程类型）；

（2）包括与表 3-2 中内容相似的项目；

（3）涉及管理因素；

（4）涉及人员因素。

在将表 3-2 中列出的选项与其他事故调查模型相比较时，可看到麦当劳模型 [26]、工伤事故研究所（OARU，Occupational Accident Research Unit）模型 [41] 和国际损耗控制协会模型（ILCI，the International Loss Control Institute）[11] 依次递增地适合进行井喷调查研究。井喷事故调查模型应当以上面三个模型之一为基础。

OARU 模型主要是为工伤事故设计的，麦当劳和 ILCI 模型更加适合一般的损失。著名的 ILCI 模型，它以世界范围内的大量实际经验作为支撑，是国际安全等级制度（ISRS，the International Safety Rating System）的基础。在过去的 15 年中，OARU 模型已经被应用并在斯堪的纳维亚（瑞典、挪威、丹麦、冰岛的泛称）发展到工伤事故研究领域。麦当劳模型即使曾经在斯堪的纳维亚的事故调查研究中应用过，次数也非常少。或许麦当劳模型曾经在其他地区被应用，但本文作者并不知晓，总之此模型的应用似乎很有限，因为它很少被提到。

ILCI 模型有系统损失的清单，而 OARU 模型也含有与工伤事故相关的清单，这两个模型有很多相似之处。

看来分析井喷事故全过程的最合适的事故模型是 ILCI 事故模型。

3．对井喷过程具体环节的详细调查分析

对于事故过程中的具体环节，有必要进行更加详细的分析。

对与管理因素相关的特定研究，可以使用安全管理和组织评审技术（SMORT，the Safety Management and Organization Review Technique）[42]，或者管理的多分支分析和事故树（MORT，the M-branch of the Management Oversight and Risk Tree）[39]。这些方法将针对管理因素进行比 ILCI 模型更加全面的分析。

如果还需要将与时间和人的因素相关的特定事故进行系统分类，可使用时序时间图示模型 STEP 模型。

如果要重点研究人与系统的交互作用（例如：事故与操作者观测溢流信号并充分响应以减少溢流量和井喷可能性的能力之间的关系），可以选择人机控制模型，比如 Surry 模型 [63]。

第四章　SINTEF 海上井喷数据库

一、概述

SINTEF 海上井喷数据库创立于 1984 年。截至 1996 年 1 月，此数据库收录了 380 起海上井喷事故的数据。

截至 1996 年 1 月，有下列公司参与创建了此数据库：

（1）挪威国家石油公司；

（2）赛格石油公司；

（3）英国石油挪威公司；

（4）艾尔夫挪威石油公司；

（5）诺思克海卓公司（Norsk Hydro）；

（6）壳牌国际勘探开发分公司；

（7）戴维（Dovre）安全技术公司；

（8）斯肯德帕沃（Scandpower）。

此数据库在用户界面和井喷数据两方面都得到了很大完善。

目前，此数据库中包含了 42 个不同的选项用来表述与井喷相关的各种参数。

今天，此数据库有一个用户友好的界面，几乎任何种类的研究都可以通过在此数据库中选择特定的井喷事故来完成。分析研究的规范可以通过选择预先定义的代码、专门的数值、特定的自由文本或者它们的任意组合来确定。预先定义的代码有拼写注释以易于理解。

此数据库计算和显示的数据能够满足研究标准。所选择的数据可以被查看、打印或拷贝到单个文件中以进行进一步分析（比如可通过数据库或电子表格来处理）。

SINTEF 海上井喷数据库的构架和操作在用户手册中有详细介绍[61]。在下一节将对数据库的构架作简要说明。

二、数据库构架

SINTEF 海上井喷数据库程序是用 Paradox 写的，适合在 Windows 系统下运行，并且源数据库文件是 Paradox 格式的。

世界范围内井喷的有关记载及美国墨西哥湾外大陆架和北海地区（英国和挪威）的公开数据资料都包含在此数据库中。这些公开数据资料和有关井喷的记载中的数据并不直接关联，所以无法直接确定井喷概率。

1．井喷数据库分类

此数据库包含 42 个不同选项用来表述每起井喷事故。其中的 19 个选项有预先定义的文本代码，有些选项是数字化的，有些是自由文本格式。不同的选项被分成 7 组，具体分组情况在下面列出。关于各选项预先定义的文本代码的更多信息见此数据库的用户手册[61]。

主要包括七个部分。

1）位置选项

位置选项组用来阐明海上设施和其所处位置的相关信息。此处设置了 7 个不同的选项，它们分别是日期、国家、油田名、作业者、装置名称、装置类型和水深。

2）井况描述

井况描述选项组表示的是与井喷发生时井的基本情况相关的信息。它包含 7 个选项，分别是井的状态、井深、钻井液相对密度、套管下深（最后一级套管）、最后一级套管尺寸、井底压力、关井压力。

3）地层

地层选项组包括岩石类型、地质年代、地层在当地的名称。这个选项组包含信息较少，主要是为将来作分析用。

4）当时的作业

当时的作业包含三个选项，它们分别是作业阶段（勘探钻井、开发钻井、修井等）、正在进行的作业程序（比如下套管）和此操作程序中的具体步骤（比如注水泥）。

5）井喷原因

井喷原因包含四个选项。它们分别是外因（如果外因是造成此事故的原因之一就选择此选项）、一级井控措施失守、二级井控措施失守（描述一级和二级井控措施是如何失控的）和人为失误。一般得到的人为失误选项的信息质量较差，其原因是人为失误常被掩盖了。

6）井喷特征

井喷特征选项组包含 12 个选项，分别是井喷流动通道、泄漏点、流动介质、流速（低质量）、起火类型、井喷到起火经历的时间、损失的产量（低质量）、持续时间、人员伤亡数、损失等级、财产损失、环境污染情况。

7) 其他选项

控制方法选项指井喷如何被控制住的。备注选项用来对事故进行补充性描述。数据质量选项用来对数据源的准确程度进行评估。

2. 公开数据

SINTEF 海上井喷数据库的公开数据以文本表格的形式列出。井喷事故数据库与公开数据之间没有直接的链接。数据库中包含了 1980 年 1 月到 1994 年 1 月所有公开数据资料。

数据库中包含了以下国家的开发井和勘探井的钻井公开数据。

(1) 美国墨西哥湾外大陆架;

(2) 挪威;

(3) 英国;

(4) 荷兰(本文中没有涉及)。

公开数据资料按每年的钻井数进行分类。

数据库中包含了以下国家公开的生产数据:

(1) 美国墨西哥湾外大陆架;

(2) 挪威;

(3) 英国。

生产井公开数据按油井·年数量归类。

不同地区的公开数据格式不同(挪威、英国、荷兰和美国墨西哥湾外大陆架)。这是因为不同地区的公开数据的来源不同。

公开生产数据资料显示:美国墨西哥湾外大陆架地区按照自喷油井、人工举升油井和天然气或凝析油生产井进行分类;英国按照生产油井、生产气(凝析油)井、注气井、注水井、观察井或其他种类井进行分类;而挪威按生产油井、生产凝析油井、生产气井、暂停的(关闭的)井进行分类。

北海地区每年完井总数量是根据每年开发井钻井的总数来估算的。美国墨西哥湾外大陆架地区的完井数量可以在数据源中直接找到。

对修井作业和钢丝作业,没有找到全面的公开数据资料。

许多数据源给出的公开数据,可以被直接转化为数据库中的数据,而另外一些数据源却需要通过假定和近似来得到需要的数据。下面介绍的是用来获得钻井和生产公开数据的不同数据源。

1) 钻井公开数据源

1996 年 5 月,美国矿物管理服务部(MMS, Minerals Management Service)在他们的网址上公布了美国墨西哥湾外大陆架地区所有井的文件列表 [71]。

这个文件中包含了以下信息：井筒作业情况（比如钻井作业），已钻完的井的数量，已关井的数量，还包含了合同数量，井名，开钻日期，井的类别，地面面积（区块数量），以及对井的状态总结的统计。此数据文件共包含了多达三万多口井的信息。

英国钻井公开数据来源于 1994 年英国贸易工业部发表的《英国油气资源的开发》[68]。

挪威钻井公开数据是根据 1980—1994 年的 NPD 年度报告[51] 和井的文件列表[13] 得来的。

荷兰钻井公开数据是根据 1994 年国家矿业监督部门出版的《Olie en gas in Nederland opsporing en winning》来确定的。

2）生产井公开数据源

美国墨西哥湾外大陆架的公开生产数据是根据世界石油年度预测发行本得来的[74]。

1991 年以前英国的生产井和注入井的公开数据是从 SINTEF《完井设备可靠性研究》[48]、《英国油气资源的开发》[17, 18, 68]、《北海地区开发指南》[69] 中进行系统收集得到的，对缺失的井的数据，是通过粗略估计得到的。粗略估计的依据一般是前一年或下一年在役井的数量，平台井槽总数，平台安装和拆除的日期，平台上每年完井的数量，以及有关钻井和生产的记载等。因此这些数据不是很准确。1991—1993 年的数据是从贸易和工业部[66] 的统计中得来的。

北海挪威海域的生产和注入井的公开数据源是 NPD 年度报告。

3）钻井公开数据

表 4-1 列出了北海和美国墨西哥湾外大陆架地区钻井作业所有公开数据。

从表 4-1 中可见，1980 年 1 月到 1994 年 1 月期间，北海地区钻井总数只有美国墨西哥湾外大陆架地区同期钻井总数的 37%。

但是应该注意到，美国墨西哥湾外大陆架的许多井钻井周期都很短。在所有的井中，7760 口开发井中的 1239 口钻井时间不到 10d，并且 5230 口勘探井中的 823 口钻井时间不足 10d。

在北海挪威海域地区，钻一口井的平均工期要比美国墨西哥湾外大陆架长得多。表 4-2 分别列出了挪威和美国墨西哥湾外大陆架地区所有勘探井和开发井的平均钻井工期，同时列出了这些井中单井钻井工期在 200d 以内的井的平均钻井工期。

表 4-1　美国墨西哥湾外大陆架和北海钻井数目统计

年份	美国墨西哥湾外大陆架		北海		总计	
	探井	开发井	探井	开发井	探井	开发井
1980	347	753	90	149	437	902
1981	328	812	113	153	441	965
1982	371	793	160	140	531	933
1983	370	723	168	118	538	841
1984	537	729	229	141	766	870
1985	484	621	207	180	691	801
1986	253	400	149	132	402	532
1987	387	413	168	172	555	585
1988	502	422	189	216	691	638
1989	417	475	195	209	612	684
1990	463	497	242	168	705	665
1991	292	344	213	189	505	533
1992	179	270	156	226	335	496
1993	300	508	123	239	423	747
总计	5230	7760	2402	2432	7632	10192

表 4-2　挪威和美国墨西哥湾外大陆架平均钻井工期 *

	美国墨西哥湾外大陆架		挪威	
	所有井（d）	工期小于 200d	所有井（d）	工期小于 200d
开发井	36.6	32.6	102.4	66.9
探　井	20.1	14.1	84.5	78.7

* 　来自于参考文献 [71] 和 [13]。

　　如表 4-2 所示，在北海挪威海域地区钻一口勘探井的时间大约比在美国墨西哥湾外大陆架多 5 倍，开发井大约多 2 倍。这些数字并不精确，因为许多井曾临时弃井一段时间。本书的目的是研究与钻井数量相关的井喷的概率，并不考虑钻一口井需要多长时间。

美国墨西哥湾外大陆架有 13% 的井是侧钻井。而在北海侧钻井的数量相对较少。美国墨西哥湾外大陆架地区侧钻井的目的主要是偏离原井眼轨迹方向钻入另一个目标层位或某选定位置的潜力产层。为了绕过井眼落物而进行的偏离井眼方向的钻进过程不属于侧钻。

美国墨西哥湾外大陆架的一些井完井后的产层深度在海平面以下 305 ~ 3050m（1000 ~ 10000ft）。在已经提前预测了地质条件和地层压力的区域，开发井的钻井工期一般在 1 ~ 10d，因为在 3050m（10000ft）以上都属于疏松地层。

4）完井公开数据

完井的公开数据见表 4-3。这些数据是从钻井数据推导得到的。

表 4-3　美国墨西哥湾外大陆架和北海完井数目统计

年份	美国墨西哥湾外大陆架 *		北海 **	总完井数
	开发井完井数	探井完井数		
1980	411	36	149	596
1981	454	36	153	643
1982	472	44	140	656
1983	448	74	118	613
1984	459	72	141	672
1985	366	70	180	616
1986	236	26	132	394
1987	256	75	172	503
1988	246	110	216	572
1989	232	91	209	623
1990	332	103	168	603
1991	229	70	189	488
1992	211	52	226	489
1993	294	84	239	717
总计	4837	916	2432	8185

*　来源参考文献 [71]；

**　文章假定所有开发井都完井，所有探井都未完井。

5）生产公开数据

在北海和美国墨西哥湾外大陆架地区所有生产井公开数据如表4-4所示。

表4-4 美国墨西哥湾外大陆架和北海产量统计

年 代	在生产井每年年底产量								
	美国墨西哥湾外大陆架			北 海			总 计		
	油	气	小计	油	气	小计	油	气	总计
1980	3568	3370	6938	375	325	700	3943	3695	7638
1981	4156	3887	8043	407	334	741	4563	4221	8784
1982	4569	4179	8748	463	338	801	5032	4517	9549
1983	4177	3856	8033	512	343	855	4689	4199	8888
1984	3786	3534	7320	576	358	934	4362	3892	8254
1985	3981	3462	7443	601	388	989	4582	3850	8432
1986	4077	3386	7463	685	424	1109	4762	3810	8572
1987	4128	3200	7328	734	456	1190	4862	3656	8518
1988	4161	3283	7444	751	498	1249	4912	3781	8693
1989	3497	3109	6606	810	505	1315	4307	3614	7921
1990	4078	3574	7652	857	538	1395	4935	4112	9047
1991	4158	3485	7643	936	583	1519	5094	4068	9162
1992	4243	3400	7643	1013	606	1619	5256	4006	9262
1993	4351	3512	7863	1117	599	1716	5468	4111	9579
总计	56930	49237	106167	9837	6295	16132	66767	55532	122299

从表4-4中可以看出，北海地区油井·年数量大约是美国墨西哥湾外大陆架地区的15%。在这段时期内，美国墨西哥湾外大陆架地区处在生产期的井的数量基本保持不变，而在北海地区1993年生产井的数量是1980年的2.5倍。

三、井喷数据资料的质量

数据库中填入的井喷信息有很多不同的来源。质量最好的井喷数据信息来自井喷调查报告（公开发表的文章、公司报告或保险报告），而质量最差的井喷数据信息来源于报纸杂志上的一些简短通告。即使在井喷调查报告中，许多重要的因素也可能被忽略，比如井涌原因、着火源和正在进行的作业。这就意味着数据库中这些项目的信息在信息来源中没有明确给出。

数据库中总计包含了自 1957—1995 年 11 月间的共 380 起井喷事故，其中 317 起发生在 1970 年以后。表 4—5 中列出了自 1970 年 1 月以来的所有井喷数据质量的概况。数据质量的评估标准见 SINTEF 海上井喷数据库的用户手册。

表 4-5　井喷基础数据质量评估表

数据质量	美国墨西哥湾外大陆架 1970—1979	挪威和英国 1980—1995	其他地区		总计 1970—1995
			1970—1979	1980—1995	
非常好	8	29	3	4	44
好	7	22	3	4	36
一般	17	36	3	14	70
差	26	31	15	21	93
很差	4	6	28	34	74
总计	62	126	52	77	317

通常，相关公司受益于他们将井喷及发生的原因更多的公开，因为这意味着他们可以更加容易预防井喷发生。然而，作者认为石油公司和钻井承包商不愿意公开他们的井喷事故，因为这会影响到他们的声誉，并使公司受损。进而，因为各种原因，当井失控时，直接涉及的现场作业人员经常会掩饰他们个人和团队的错误。例如，他们会害怕失去自己的工作，影响到自己的职业前景或在事故发生后面临指控。在各种类型的事故中，这种广为人知的现象会给今后的事故预防带来负面影响。

一般来讲，认识美国墨西哥湾外大陆架地区的井喷事故要比了解北海地区的井喷事故容易。这是因为在美国墨西哥湾外大陆架发生的所有严重海上事故都必须向 MMS 汇报。MMS 将部分井喷信息存储在了一个公众可访问的数据库系统中，而且 MMS 还经常发布公众调查报告。北海的井喷资料是通过一些传闻、报纸和论文等途径得到的，井喷的关键信息无法从一个或多个数据源中获得。大部分国际石油公司在发布有关各种井喷事故的内部文件时都显得比较勉强。

SINTEF 海上井喷数据库涵盖了北海和美国墨西哥湾外大陆架地区的大多数井喷事故，但世界其他地区的许多井喷事故却没有收录在内。北海和美国墨西哥湾外大陆架地区没有收录在内的井喷事故，主要是那些只在公司内部文件报道过而从未公开报道过的。可能有很多地下井喷事故就从未报道过。在北海地区，也可能有很多浅层气井喷事故和一些其他的小型井喷事故没有被收录，因为它们也从未在任何渠道公开报道过。

当使用井喷数据库时，要牢记井喷数据质量是不确定的，这一点非常重要。

四、其他井喷数据库

其他井喷数据库，有以下三个：

（1）世界海洋事故数据库（WOAD，World Offshore Accident Databank）收录了大约 300 起海上井喷事故和另外很多其他种类的海上事故。WOAD 的运作者是 DNV（挪威奥斯陆 Norge AS 的挪威船级社）。

（2）加拿大节能局（ERCB，Energy Resources Conservation Board）数据库收录了将近 400 起陆上井喷事故。

（3）（NAF，Neal Adams Firefighters）数据库收录的将近 1000 起海上和陆上井喷事故。

另外，MMS 事故数据库中存储了有关外大陆架油气作业的信息。这些事故被分类为井喷、爆炸和火灾、海管断裂或泄漏、严重的污染事故和人员伤亡。对每一起事故，除了事故的介绍，还给出了许多关键的参数。这些数据库系统中输出的都是公共信息 [1, 2]。这些信息是 SINTEF 海上井喷数据库的重要资料来源。

经常更新的综合性的井喷数据库似乎就只有以上几个和 SINTEF 海上井喷数据库，也可能还有其他较小的井喷数据库存在。

WOAD、ERCB 和 NAF 数据库的介绍如下。

1. WOAD

在 WOAD 数据库中，井喷事故仅仅是许多海上事故的一种，因此数据库涉及的许多内容并不是专门为井喷事故设置的。WOAD 总共收录了大约 3000 个海上事故的信息。这个数据库的焦点是事故的结果，而非原因。

2. ERCB

ERCB 陆上井喷数据库是一个公用数据库。它仅仅包含加拿大的陆上井喷事故。有 56 个不同的参数来分析事故。这个数据库对不同事件的分析解释非常不错。

截至 1994 年 10 月，ERCB 数据库共收录了 384 起陆上井喷事故，其中 241 起发生在 1980 年 1 月—1994 年 1 月。另外，这个数据库还收录了 209 起小的溢流事故。

ERCB 也关注钻井数量和正在进行服务作业（修井）的井的数量，因此可通过这些普通的公开数据来确定井喷概率。

3．NAF

NAF 井喷数据库不是一个公共数据库，其中许多陆上井喷事故信息源自 ERCB 数据库。NAF 在阿尔伯塔有一个通向 ERCB 数据库的接口。另外，此数据库还收录的得克萨斯、路易斯安那和世界其他地区的一些事故信息。

NAF 数据库收录了大约 1000 个陆上和海上的井喷事故。按照 NAF 的观点，ERCB 中的个别井喷事故并不能算作井喷，而是刺漏（比如阀门泄漏事故等）。

作者没有获得关于 NAF 数据库的构架或每起井喷事故记录的输入信息。然而，有理由相信此数据库中的井喷信息质量至少与 ERCB 数据库相当，理由是此数据库优先关注井喷事故。

NAF 数据库中未收录井喷公开数据。

第五章　井喷资料概述

一、井喷发生在何时何地

本节是对 SINTEF 海上井喷数据库收录井喷事故的概述。SINTEF 海上井喷数据库共收录了世界范围内的 380 起海上井喷事故信息（截止到本书的印刷时间），而且会不断地更新。自 1957 年起，就开始有井喷事故被收录了。在这 380 起井喷事故中，有 124 起发生在 1980 年 1 月—1994 年 1 月的美国墨西哥湾外大陆架和北海（挪威和英国）地区。除非特别指出，本书中所有的数据都源自这 124 起井喷事故资料。表 5-1 列出了这 124 起井喷事故中分别在不同地区和不同的作业阶段（作业阶段的定义见 16 页）发生的次数。表 5-2 列出了这 124 起井喷事故中分别在不同年份和不同的作业阶段发生的次数。

表 5-1　不同地区的油气井在各阶段发生井喷数目统计

阶段 地区	探井钻进		开发井钻进		完井	修井	生产	钢丝作业	其他	总计
	浅	深	浅	深						
挪威	7	5	1	—	—	1	—	—	—	14
英国	2	2	2	1	—	—	2(1)*	—	—	9
美国墨西哥湾	20	11	20	11	7	18	10(5)*	3	1	101
总计	29	18	23	12	7	19	12(6)*	3	1	124

*　括号中的数字不包括外因导致的井喷。

有一起井喷事故在表 5-1 和表 5-2 中并未提到，其数据源自 1991 年 4 月 22 日 Neal Adams 灭火公司修订版的公司概况和工作总结。MMS 没有报道它。数据源显示此区块的 2 号井在 1990 年 3 月发生了地下井喷（未指出确切时间）。井内流体从一个更深的高压层流入了上面一个未被封住的断层。后来，井被成功地压住并且恢复钻进，压井时使用了一个大尺寸的压井封隔器和两个大容量重晶石塞。这起井喷事故不包含在下一节中，因为不清楚这起井喷事故发生时井的作业阶段。

表 5-2　　不同年份油气井在各阶段发生井喷数目统计

年份	探井钻进		生产井钻进		完井	修井	生产	钢丝作业	其他	总计
	浅	深	浅	深						
1980	2	2	1	—	1	—	2	1	—	9
1981	2	1	—	1	5	2	—	—	—	11
1982	1	—	4	2	—	3	—	1	—	11
1983	4	1	5	3	—	1	—	1	—	15
1984	4	2	1	—	—	1	—	—	—	8
1985	4	2	1	2	—	2	—	—	—	11
1986	—	—	1	—	—	1	—	—	—	2
1987	1	1	—	1	1	1	3(2)*	—	—	8(7)*
1988	—	3	—	1	—	1	1(0)*	—	—	6(5)*
1989	4	2	3	1	—	3	3(2)*	—	—	16(15)*
1990	4	—	2	1	—	3	—	—	1	11
1991	1	3	3	—	—	1	—	—	—	8
1992	—	—	1	—	—	—	3(0)*	—	—	4 (1)*
1993	2	1	1	—	—	—	—	—	—	4
总计	29	18	23	12	7	19	12(6)	3	1	124(118)*

* 　括号中的数字不包括外因导致的井喷。

　　另外，表 5-1 和表 5-2 显示大多数井喷发生在钻井阶段，而且非常重要的一点是浅层气井喷要比深层井喷频繁得多。在本文提到的井喷事故中，所有不被认为是浅层气井喷的，都被认为是深层井喷。浅层气井喷的分类原则见第 41 页的"浅层气井喷"。还有一点应注意，那就是修井期间井喷比开发井深层钻井井喷发生的更加频繁。

二、井喷频率趋势

　　图 5-1 和图 5-2 中显示的是勘探钻井和开发钻井过程中发生井喷的数量（NWTB）。

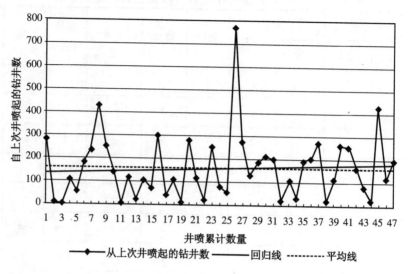

图 5-1 探井井喷数，浅层气与深层井喷数，相关回归线，平均线

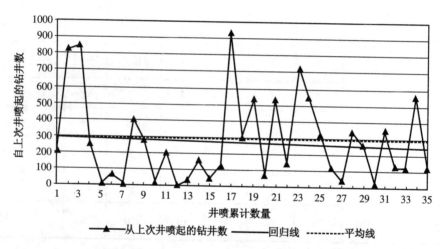

图 5-2 开发井井喷数，浅层气与深层井喷数，相关回归线，平均线

本文中的趋势分析使用以下方法：

（1）Laplace 测试[38]；

（2）军事手册测试（MIL-HDBK）[38]；

（3）回归分析[40]。

SINTEF 海上井喷数据库开发了一个电脑程序叫 ROCOF[57]，它通过 Laplace 测试方法和 MIL-HDBK 测试方法，进行井喷频率的趋势分析。Borland 公司的电子表格程序"Quattro Pro version 6.0"，可用来进行回归分析。

对勘探钻井和开发钻井，井喷频率没有显示出规律性的趋势，这可以通过趋势测试来验证。经计算，平均每钻 162 口探井和 291 口开发井会发生一起井喷事故。

井喷频率的趋势与不同作业阶段的关系在第六章至第十一章中分别进行研究，其研究成果显示只有在完井作业阶段，统计出的井喷频率显示出较为明显的趋势。研究显示，完井作业阶段井喷频率有明显降低的趋势。Hughes 等人[35]研究了美国墨西哥湾外大陆架地区在 1960—1984 年的井喷频率趋势，他们的研究结论是 1978 年之后井喷频率开始下降。

更多特定的井喷频率趋势分析已作过研究，不同作业阶段的井喷频率趋势分析见第六章至第十一章。

三、井喷原因和特征

本节是对井喷原因及其重要特征的概述。绝大多数信息是从第六章至第十章中总结出来的。但是，本页"起火源及火灾趋势"中对起火源和火灾趋势进行分析的内容在本书其他章节没有涉及。

1. 井喷原因

详细的井喷原因分析见第六章至第十章。井喷的原因与一级井控措施和二级井控措施失守息息相关。

在钻井过程中，抽汲和未预报的高压是一级井控措施失守的主要原因，而固井水泥凝固时静水压力丧失也是一个重要原因。抽汲压力是开发钻井过程中井喷的罪魁祸首，而勘探钻井中井喷的最主要原因是未被预报的高压。

在过去的几年中，导流器故障已经很少发生。在这之前，50% 以上的导流器系统在浅层气井喷的处理过程中发生故障。导流器系统故障的统计显示，近年来导流器的可靠性已提高到了 85%。

在深层钻井井喷过程中，二级井控措施的失控原因主要有防喷器组故障、方钻杆阀（管柱安全阀）故障和套管泄漏。

对修井井喷，抽汲压力、过低的泥浆相对密度和气体聚集是一级井控措施失守的最主要原因，而其二级井控措施失守的主要原因是防喷器和管柱安全阀发生故障。

2. 起火源和火灾趋势

井喷发生后生命和财产的损失大小主要取决于井喷是否起火。因为井喷起火发生的次数相对较少，本节将所有发生火灾的井喷列为一组。表 5—3 列出了在不同作业阶段发生井喷起火的情况。

经验显示，在 16% 的井喷起火中，6% 井喷后立即起火，2.5% 在井喷发生 5min 到 1h 后起火，剩下的 7.5% 在井喷 1h 之后起火。

表 5-3　各阶段井喷点火统计表

阶段		未点火	立刻点火 <5min	延迟点火				总计
				5~60min	1~6h	6~24h	>24h	
探井钻进	浅层气	26	—	2	—	1	—	29
	"深"	14	1	—	—	3	—	18
开发井钻进	浅层气	18	3	1	—	1	—	23
	"深"	11	1	—	—	—	—	12
完　井		6	—	—	—	1	—	7
修　井		14	2	—	—	—	3	19
生　产		6	—	—	—	—	—	6
钢丝作业		3	—	—	—	—	—	3
总　计		98	7	3	—	6	3	117
		83.8%	6.0%	2.6%	—	5.1%	2.6%	100%

通过查阅数据库中自 1980 年 1 月以来的所有井喷，除了美国墨西哥湾外大陆架和北海地区的井喷外，在 77 起井喷事故中有 31 起起火（有 40% 起火）。如此高的火灾发生频率，其原因是这些地区的井喷事故资料仅仅是从公共信息来源收集来的，而公共信息来源一般不会报道较小损失的井喷事故。因此，相信有许多后果不太严重的井喷事故没有收录进此数据库中。而且，在这些地区的技术标准和作业程序的平均质量均低于美国墨西哥湾外大陆架和北海地区。

1）起火源

在海洋工业设计和操作中，减少起火源是非常重要的。通过核查 19 起起火的井喷事故，表 5-4 列出了各种不确切的起火源。

井喷火灾发生后，一般都无法确定起火源。在这 19 起井喷火灾中，只有 3 起能够确定起火源，有 2 起为可能的起火源，有 3 起包含多个可能的起火源，其他 11 起起火源未知。

表 5-4　各种点火源概述

可靠等级	点火源
肯定	岩屑撞击井架产生的火花
肯定	移动滑车掉到钻台面
肯定	焊枪切割 16in 套管
假定	地面摩擦起火
假定	1in 的管子从井里拔出产生火花
两种备选	(1) 钻井区域摩擦起火；(2) 机舱内的 3 号发电机。第一种假设发生可能性很大
两种备选	(1) 静电；(2) 从井里流出的砂体与金属钻屑撞击产生的火花
六种备选	(1) 钻井液回流缓冲罐里流出的金属与钻井设备撞击产生的火花；(2) 钻井液回流缓冲罐里的泥和砂等相互撞击产生的火花；(3) 钻屑撞击金属；(4) 钻井办公室的咖啡壶；(5) 静电；(6) 钻井液回流缓冲罐上的电插线盒
未知	其中 11 起井喷事故无点火源

2）火灾趋势

在 20 世纪 80 年代和 90 年代，已经开始在设计和操作中注意减少可能的起火源。同时，与早些年导流器系统经常发生故障相比，最近几年浅层气井喷已经被成功的分流。当井被成功分流时，发生火灾的可能性降低。在 1980—1994 年可能也存在其他减少井喷起火可能性的措施。根据以上内容，有理由认为现在的井喷导致火灾的可能性与 20 世纪 80 年代完全不同。有很多对井喷火灾趋势的分析，用来检验对起火源的关注是否会使发生火灾的趋势有显著的降低。

图 5-3 给出了所有井喷事故中导致火灾的井喷数量（不包括外界因素导致的井喷）。

回归分析显示火灾趋势降低的概率为 70%（也就是说没有明显的降低趋势）。然而，在这里比较重要的一点是回归分析不包括已校对好的数据。最后一起火灾井喷是总共 118 起井喷事故中的第 105 起。这就意味着最后 13 起没有发生火灾的井喷在回归分析中没有被考虑到。

对火灾井喷和井喷的累积次数也利用 Laplace 测试[38] 和 MIL-HDBK 测试[38] 的数据组方法进行了趋势分析，分析证明井喷火灾存在明显下降的趋势。Laplace 测试和 MIL-HDBK 测试结果显示火灾趋势下降概率分别为 94% 和 89%。

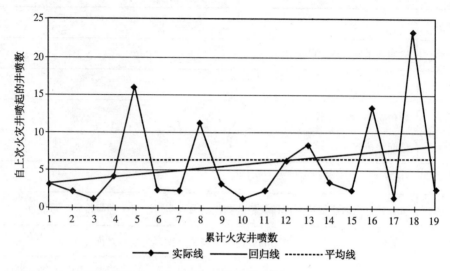

图 5-3 火灾井喷数,不包括外因引起的井喷数,有相关回归线和平均线

以井喷累计数量为基数的火灾概率计算模型如下:

幂律模型:$\alpha\beta t^{(\beta-1)}$

其中 $\alpha = 0.459$,$\beta = 0.779$。

对数线性模型:$EXP(\alpha+\beta t)$

其中 $\alpha = -1.263$,$\beta = -0.011$。

t 表示井喷的累计数量。根据以上两个模型分别计算出的 1 ~ 118 起井喷事故的火灾概率见图 5-4 所示。

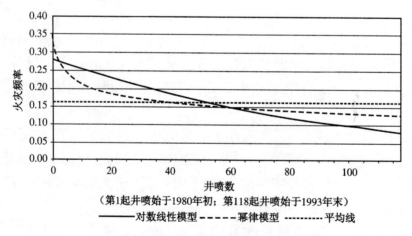

(第1起井喷始于1980年初;第118起井喷始于1993年末)

图 5-4 火灾频率的估算和累计井喷数

第 118 起井喷事故处的值代表 1993/1994 年火灾概率的大小。根据两种不同的计算模型,1993/1994 年的估算火灾概率为:

火灾概率 = 0.079/ 一起井喷事故（对数线性模型）

火灾概率 = 0.124/ 一起井喷事故（幂律模型）

确定的井喷火灾概率的主要趋势应该包含在风险分析中。对数线形模型和幂律模型都与火灾数据非常吻合，但不是完全吻合。在风险分析中，推荐使用平均火灾概率值 0.10 作为总的输入值。

3. 井喷污染

1980—1994 年，在美国墨西哥湾外大陆架和北海地区的井喷没有导致严重的环境污染。但其他时期和地区的经验证明，井喷有可能带来严重的污染。尽管如此，井喷导致严重污染的概率较低。各作业阶段的井喷事故导致环境污染的案例见第六章至第十章和第二章。

4. 井喷持续时间

表 5-5 显示了不同井喷的持续时间。

表 5-5　各种井喷持续时间统计表

阶段		< 10min	10 ~ 40min	40min ~ 2h	2 ~ 12h	12h ~ 5d	> 5d	未知	总计
探井钻进	浅层气	—	2	2	5	9	6	5	29
	"深"	1	1	1	2	7	2	4	18
开发井钻进	浅层气	3	1	4	2	6	2	5	23
	"深"	1	—	—	3	4	3	1	12
完　井		3	—	—	—	4	2	—	7
修　井		—	2	—	1	7	3	3	19
生　产		—	—	—	—	5	—	1	6
钢丝作业		—	1	—	1	1	—	—	3
总　计		9	7	7	14	43	18	19	117
		7.7%	6.0%	6.0%	12.0%	36.8%	15.4%	16.2%	100%

假设没有持续时间记录的井喷的持续时间分布与有记录的井喷持续时间相同，则可以得出以下结果：16% 的井喷持续时间少于 40min，21% 介于 40 min 到 12h 之间，44% 介于 12h 到 5d 之间，18% 超过 5d。这个时间分布和美国墨西哥湾外大陆架地区 1960—1984 年的井喷持续时间分布情况近似[35]。

5. 井喷流体

井喷流体见表 5-6。

如表 5-6 所示，天然气是最常见的井喷流体。原油井喷非常少见。美国墨西哥湾外大陆架地区 1960—1984 年的井喷研究表明其井喷流体与上表中流体介质分布情况近似 [35]。钻井和修井过程中井喷流体情况在 67 页的"深层钻井井喷特征"和 84 页的"修井井喷特征"有更加详细的介绍。

表 5-6　美国墨西哥湾和北海井喷流体介质统计表

流体介质	探井钻进	开发井钻进	完井	修井	生产	钢丝作业	总计	总计组
浅层气	26	20	—	—	—	—	46	53*
浅层气，油	—	1	—	—	—	—	1	
浅层气，水	3	1	—	—	1**	—	5	
浅层水	—	1	—	—	—	—	1	
气（深）	15	8	6	13	4	2	48	51
气（深）（气举气）	—	1	—	—	—	—	1	
气（深）（气侵）	1	—	—	—	—	—	1	
气（深），水	—	1	—	—	—	—	1	
气（深），凝析气	—	1	—	1	—	—	2	2
油	—	—	—	2	—	1	3	12
油，气（深）	2	1	1	2	1	—	7	
油，气（深），水	—	—	—	—	—	—	1	
总计	47	35	7	19	6	3	117	

* 　这些井喷中的 6 起据报道含有 H_2S。

** 　生产过程中，浅气层的浅层气和油沿着套管外侧喷出。

第六章　钻井井喷

绝大多数海上井喷发生在钻井阶段（见32页，"井喷发生在何时何地"）。井一般分为两类：

（1）探井；

（2）开发井。

在挪威，探井被分为以下两类：

（1）初探井（在未探明区域钻井）；

（2）评价井（在已经有油气发现的油气田确定构造边界的井）。

在英国，只有初探井被视为探井，而评价井被视为一个单独的类别[68]。在美国，探井是5个不同类别的井中的一类[8]，而这5类井同时包括了上面讲到的初探井和评价井。

本文的分类方法是将评价井和初探井统称为探井。这是因为井喷描述过程中一般不会专门指出是初探井还是评价井。

开发井是在已探明的油气藏钻至待开发的产层。

钻井井喷可能会发生在井的任何深度。在很多井中都曾发现过非常浅的浅气层。浅层气井喷的控制与深层井喷的控制是不同的。本文所讲的钻井井喷分成两大类：

（1）浅层气井喷；

（2）"深层"井喷。

文中提到的井喷事故中，所有不被认为是浅层气井喷的，都被认为是深层井喷。

一、浅层气井喷

一般来讲，界定浅层气井喷的原则是井深小于1200m（3900ft）。在这样的深度条件下，地层破裂压力梯度一般较低，而且一般不会用BOP来关井。关井可能导致海底形成大的坑穴。因为浅层砂岩产能高，井径较大，而且从气层到井口的距离较短，所以浅层气井喷过程会迅速由溢流发展为井喷。

当钻井深度还较浅时，一般只考虑钻井液柱作为单级井控措施。由于导流器系统可以使天然气远离作业装置，因此在多数情况下使用此系统。若预测不存在浅层气，许多座底式钻井船将不使用导流器系统。浮式装置可以在发生浅层气井喷时移离井口位置。近年来，浮式钻井装置采用无立管直接钻浅层部分已经比较常见，这样做可以防止浅层气直接上返至钻井装置。

当无立管钻进时，钻井液一般为1030kg/m³ (8.6lb/gal) 的海水。因钻井液必须在海底排放，所以一般不使用钻井液。这就限制了井中静水压力的大小，同时也就增大了井喷的可能性。根据 Hellstrand 的讲述，挪威国家石油公司采用无立管技术的主要目的是避免天然气上窜至钻台[27]，但这是否是钻浅层的最好办法值得我们怀疑。根据 Grepinet 所述，道达尔的政策是不允许井涌现象发生（也就是要控制静水压力大小）[23]。因此，公司推荐在浮式钻井装置作业中要使用立管钻井。

1. 浅层气井喷的数据库规范

如果下面一项或多项信息在数据源文件中被清晰地标明，则此时的井喷被分类为浅层气井喷。

(1) 井深小于 1200m (3900ft)。

(2) 数据源显示浅层气为流动介质。

(3) 只下了导管。

(4) 井口未安装 BOP。

(5) 气流被分流，且并没有尝试关井。

(6) 实际井喷层位离目标油藏层位较远。

因此，如果某井喷包含了以上 1 或 2 条特征，但实际上深度已超过了 1200m (3900ft)，它同样可以被分类为浅层气井喷。

按照井内产出流动为浅层气井喷下一个严格的定义是不适合的。井控措施完全失控状态下的井喷总是被看做是浅层气井喷。然而，许多浅层气事故，可能仅仅是无立管钻井过程中天然气的短时间小规模泄漏，这时常被视作浅层气事故，而不是井喷。

本文中提到的浅层气井喷绝大多数指井控措施完全失控状态下的井喷。有一些流速不大，但持续时间较长的事故，也包含在其中。

2. 浅层气预测

确切的井口开钻位置经常根据先前邻井和地震测量的经验来确定，以避免钻遇浅气层。然而，经验证明浅气层预测失败的可能性非常高。ϕ steb ϕ 等调查了 1978—1986 年间挪威大陆架 4 个不同地区的 60 口勘探井[75]。他们预测这些井中有 31% 不存在浅层气，69% 存在。而预测没有浅层气的井中有 47% 在钻井过程中发现了浅层气，预测有浅层气的井中有 45% 在钻井过程中没有发现浅层气。在那段时期，对浅层气的预测意义很小甚至没有任何意义。

根据 Hellstrand 的观点，浅层气预测水平在 1985 年的 West Vanguard 事故 [27, 72] 发生后有了显著提高。1986—1990 年 Haltenbanken 的 5 口井（挪威中西部）中，所有的浅气层都被准确预测到了。但是，在其他一些井中，也被预测有浅层气存在，但并没有钻遇。这种浅层气预测准确性的提高据称是 2D 地震，特别是 3D 地震带来的结果。

West Vanguard 井喷事故，北海挪威海域地区，1985 年

当钻一口井的浅层时，发生了浅层气的溢出，导流器系统发生故障，并发生了火灾。造成一人死亡和半潜式钻井船严重损坏的后果。

根据 Moore 的观点，2D 和 3D 地震勘探并不能保证所有的浅层气聚集区都被预测到 [50]。但这可以降低钻井时钻入未知浅气层的风险。英国的一个海上安全部（OSD，Offshore Safety Division）鼓励石油行业使用 2D 和 3D 地震。

二、浅层气井喷经历

本节讲到的都是来自 SINTEF 海上井喷数据库（见 22 页"SINTEF 海上井喷数据库"）中 1980—1994 年美国墨西哥湾外大陆架和北海地区（英国和挪威）的案例。共有 52 起浅层气钻井井喷事故的记录。表 6-1 列出了不同装置和井的类型。

表 6-1　各种海上平台和主要井型发生浅层气井喷统计表

平台类型	开发井钻进	探井钻进	总计
导管架	19	—	19
自升式	2	12	14
半潜式	2	16	18
未　知	—	1	1
总　计	23	29	52

从表 6-1 中可见，在勘探钻井中自升式钻井船和半潜式钻井船上发生的浅层气井喷事故数量相当。因为不同种类的钻井装置所钻井的总数量不确定，因此无法根据钻井装置的不同来对井喷概率进行比较。绝大多数的开发钻井过程中的浅层气井喷都发生在固定式钻井装置上。

图 6-1 和图 6-2 显示了浅层气井喷的数量（NWTB）、相关的回归曲线和平均曲线。

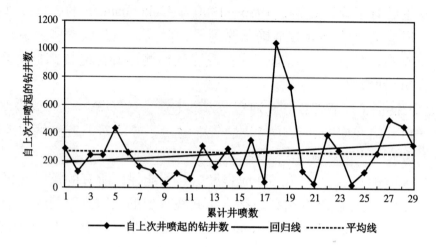

图 6-1　探井浅层气井喷的数量，相关回归线，平均线

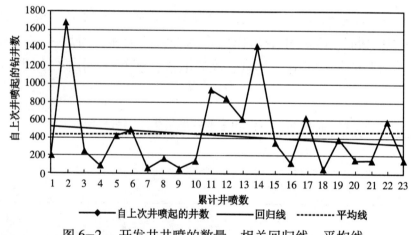

图 6-2　开发井井喷的数量，相关回归线，平均线

图 6-1 表明 1980—1994 年勘探钻井浅层气井喷的 NWTB 值呈缓慢上升趋势。通过以前使用过的任何统计方法，都不能得到一个所有的勘探钻井浅层气井喷的 NWTB 值的总体统计趋势。

图 6-2 表明 1980—1994 年开发井浅层气井喷的 NWTB 值呈缓慢下降趋势。通过以前使用过的任何统计方法，都不能得到一个所有的开发钻井浅层气井喷的 NWTB 值的总体统计趋势。

在过去的十年中，石油工业致力于研究降低浅层气井喷风险的方法。这意味着会着重研究导流器系统，无立管钻井技术和处理程序。这些研究的成果将被进一步详细分析，以指导实际操作。

表 6-2 显示的是当钻井过程中浅层气井喷发生时正在进行的作业。

表 6-2　各种工序和作业发生井喷统计表

操作 \ 工序	钻进作业		下套管作业		其他作业		总　　计		
	开发井	探井	开发井	探井	开发井	探井	开发井	探井	总计
钻进	3	12	—	—	—	—	3	12	15
起钻	10	5	—	—	—	—	10	5	15
非钻进	1	1	—	—	—	—	1	1	2
拆卸防喷器	—	—	—	—	—	—	—	1	1
更换设备	—	1	—	1	—	—	—	1	1
候凝	—	—	5	—	—	—	5	3	8
下套管	—	—	1	3	—	—	1	—	1
安装防喷器	—	—	—	—	—	1	—	1	1
磨铣和扩眼	—	—	—	—	—	1	—	1	1
漏失测试	—	—	—	—	—	—	—	1	1
临时封堵	—	—	—	—	1	—	1	—	1
其他	1	1	1	1	—	3	2	4	6
总计	15	20	7	4(3)*	1	3	23	30(29)*	53(52)*

*　括号中的数据表示井喷数。因为一些井喷有两种工序。

有 70% 的浅层气井喷发生在以下作业过程中：钻进、起钻和候凝。若不考虑那些未知作业过程的井喷事故，有 80% 的浅层气井喷发生在钻进、起钻和候凝作业过程中。

1. 浅层气井喷原因

一些操作过程中发生一级井控措施失守的可能原因的相关讨论见表 6-3，表中列出了根据实际经验得出的井控措施失守的原因。

从表 6-3 中可见，经验显示浅层气井喷在勘探钻井中发生的概率是开发钻井中的 2.3 倍。表中列出的概率是以钻井总数量为基数，而不是仅仅以钻遇浅气层的井的数量为基数。

表 6-3　一级封堵失效导致浅层气井喷统计表

一级封堵失效		开发井钻进井喷		探井钻进井喷		总计
		井喷数量	频率（井喷数/总井数）	井喷数量	频率（井喷数/总井数）	
静液压力过低	异常高压	2	0.0002	8	0.00105	10
	钻井液密度过低	2	0.0002	4	0.00052	6
	抽吸	10	0.00098	5	0.00066	15
	气侵	—	—	2	0.00026	2
	未连接隔水管	—	—	1	0.00013	1
	环空漏失	2	0.0002	2	0.00026	4
	固井候凝	5	0.00049	2	0.00026	7
	未知	3	0.00029	3	0.00039	6
固井质量差		1	0.0001	1	0.00013	2
地层破裂		—	—	1	0.00013	1
总计		25(23)*	0.00226**	29	0.0038	54(52)*

* 括号中的数据表示井喷数。因为有些井喷可能有两项一级井控措施失守。

** 以井喷数为依据。

　　如表 6-3 所示，除了有 3 起井喷事故因固井质量差和地层坍塌而导致一级井控措施失守外，大多数一级井控措施的失控都与过低的静水压力有关。下面将会对一级井控措施失守的原因进行详细讨论。

　　2 起由固井质量差引起的井喷事故，发生在套管作业结束后的钻进过程中。只有较少数量的天然气溢出。对于地层漏失的井喷事故，在关闭防喷器后发现天然气从海底处溢出。

　　1）抽汲

　　抽汲是使静水压力井控措施失守并导致浅层气井喷的主要原因。抽汲在井下形成抽汲作用，使地层流体进入井筒，造成井涌。抽汲压力一般是钻井管柱的上提速度过快造成的。

　　大约 40% 的开发井浅层气井喷事故和 20% 的勘探井浅层气井喷事故是由抽汲压力造成的。

　　在许多案例中，有的是外界因素带来抽汲作用，也有的是井本身对抽汲作用的承受能力很低。这些井喷事故中的 3 起（表 6-3 中），钻头和（或）扶正器泥包，因此缩小了供钻井液通过的环形空间。其中一起事故，据称其井眼尺寸本身非常小。据报道，另有一起事故的原因是钻井管柱上提后，环空漏失，这减小了井筒本身对抽汲作用的承受能力。还有一起是因为钻井液相对密度太低，这也使得井筒本身对抽汲作用的承受能力太差。关注井喷数据的质量是非常重要的（见 28 页"井喷数据资料的质量"）。

报道中讲到的因抽汲作用引发的井喷事故中，有些是因为管柱上提后没有及时灌浆填满空井段造成的。

抽汲作用永远无法消除，但是井喷的可能性可以通过预防措施来降低。最显著的预防措施是：

（1）上提过程中同时循环钻井液（使用顶驱的时候可以做到）。

（2）小心上提管柱，特别注意小井眼和泥包问题。

一般来讲，抽汲现象多发生在井径较小的井筒中。在北海地区，当钻浅层时，先钻小直径的领眼已经成为一个通常使用的工序。NPD 也推荐在经预测可能存在浅气层的地区使用此工序 [3]。这将会增加抽汲发生的可能性。领眼的使用有利于限制浅层气流动，也能够用来动态压井。此技术的作用原理是使用大功率钻井泵增加环空阻力。按照 Adams 的观点，因为钻屑较软，井较浅，其特有的井眼冲刷特性使得动态压井是不可能实现的 [5]，Hellstrand 也同样指出了这个问题 [27]。虽然挪威国家石油公司已经通过此方法控制住了几起浅层气井喷， 但他们并不能确定压住井的原因到底是环空阻力还是压井液的相对密度。

2）未预见的高压（钻井液相对密度过低）

这里并列的提出未预见的高压和钻井液相对密度过低两个因素是因为报道中提到钻井液相对密度过低的原因是遇到了未预见的高压，而并不是说调整好的钻井液相对密度低于设计相对密度。

正如所料，此类原因造成的井喷事故概率在勘探钻井中要比在开发钻井中大得多，主要是因为开发钻井时对浅地层的认识远多于探井。

首先假定地震技术的发展和本文讲到的不同地区的地层认识的提高能够降低井喷事故发生概率。然后通过提供三个不同的统计趋势分析的结果，对此假设进行测试和验证。这些测试的可信度大约为 80%，这表明未预见的高压造成的井喷事故概率确实降低了。

3）固井水泥候凝

表 6-3 中提到的井喷中有 8 起发生在水泥凝固过程中。这些井喷发生在下完套管注完水泥以后。当固井水泥处在从流变状态向固体状态转换的过程中，

水泥将开始黏固在井壁和套管壁上。这将降低地层的静液柱压力，并且天然气会开始通过或沿着水泥外壁流动。

此类井喷大多数发生在套管外部，但也有的发生的钻井环空中。

表6-3显示，在勘探钻井和开发钻井过程中，此类井喷的概率大小相当。

一种所谓的气密性水泥被开发出来以减少此类井喷的发生，但此类井喷依旧发生。其中一起井喷事故，就是用了气密性水泥。然而，这种气密性水泥仍处在开发阶段。现在，其他的添加剂也被使用。在所有的井喷中，对此类井喷进行了统计测试[30]。这个测试结果表明此类井喷的概率在1980—1992年实际上是上升的。然而，气密性水泥近期的使用情况作者并不清楚。

表6-3也包含了固井质量差引发井喷的案例。有2起井喷事故发生在固井结束后的操作过程中。这两起井喷事故均导致少量的天然气泄漏。

4）环空漏失

有4起钻井浅层气井喷事故是因环空漏失造成的。环空漏失的原因是钻井液柱带来的静水压力大于地层破裂压力梯度。这将导致钻井液进入地层，并诱发井涌。

有3起此类井喷事故发生在正常钻井阶段。抽汲作用也是诱发井喷的原因之一。据记载，先是发生了环空漏失，其后在提钻过程中发生了抽汲。最后一起井喷事故发生在注水泥阶段，其原因是水泥的密度过高。

5）气侵钻井液

根据报道有2口勘探井发生井喷的原因是气侵钻井液。气侵钻井液产生的原因是当钻遇带压天然气层时，天然气会混合到钻井液中随着返出钻井液一起返至井口。天然气和钻井液的混相将使返出钻井液的相对密度降低，从而使环空的静水压力降低。气侵钻井液同时也是其他类别井喷的原因之一。一旦钻井液发生气侵，原地层承受的静水压力下降，抽汲作用可能更易发生。

6）其他因素

其中一起浅层气井喷事故发生在拆掉隔水管下入大直径扩眼器的过程中。拆掉隔水管会导致大约25m（80ft）静水柱损失掉（从海平面到转盘补心），这就降低了静水压力。

还有5起浅层气井喷事故是静水压力降低造成的，但具体原因不详。

表6-3中列出的最后一起浅层气井喷事故发生的原因是地层破裂。关闭防喷器后，在井口附近发现了许多气泡。

2. 浅层气井喷处理

减少浅层气井喷损失的操作方法包括两个主要目标：避免将设备暴露在天

然气中和避免海床形成坑穴。

对非浮式装置，导流器系统用来将天然气引出至装置外侧，以避免装置被损坏，防止发生火灾或爆炸。在某些情况下，虽然浅层气井喷是关住了，但关井会大大增加套管外井喷或海底井喷形成坑穴的可能性，最坏的情况，还可能导致支撑式平台倾斜甚至倾覆。

浮式钻井装置比支撑式钻井装置有更多井喷处理方法可供选择。主要有：

（1）导流器系统（甲板上或海底）；

（2）拆除立管后平台移位；

（3）无隔水管钻井。

当进行无隔水管或拆除隔水管钻井时，海水的静水压力将减缓气体溢流。通过使用海底导流器，天然气在海底可以被分流，而不会返至钻井平台处。海底导流器还被用来进行短期关井（直到在海床有天然气冒出）。

表6-4列出了浅层气井喷处理措施的经验。

表6-4 浅层气井喷原因统计

浅层气井喷原因	开发井钻进		探井钻进		总计
	井喷数量	比例（%）	井喷数量	比例（%）	
回压阀失效	1	4	—	—	1
关闭防喷器失败	—	—	1	3.2	1
防喷器关闭后失效	1	4	—	—	1
未安装防喷器	1	4	1	3.2	2
导流问题	11	44	5	16.1	16
导流器操作失败	2	8	2	6.5	4
导流器关闭后失效	4	16	7	22.6	11
钻井时无隔水管	—	—	5	16.1	5
隔水管连接问题	—	—	1	3.2	1
套管鞋破坏	2	8	5	16.1	7
固井质量差	1	4	—	—	1
井口密封失效	—	—	1	3.2	1
井口装置失效	1	4	—	—	1
其他	1	4	3	9.7	4
总计	25(23)*	—	31(29)*	—	56(52)*

* 括号中的数据表示井喷数。因为有些井喷使用两种浅层气处理措施。

抢装方钻杆阀失败是从质量较低的井喷数据源中得来的。数据源只指出钻杆内的流体喷出，所以这里假定是操作者未能抢装方钻杆阀。

关防喷器失败发生在第一次导流器操作失败后。

防喷器关闭后产生故障发生在环空被关闭并且平台人员因台风警报而全部撤离之后。当操作人员再次登上平台后，发现环形防喷器被刺开，原因是储能器压力太低。此时井正在往外喷盐水，而不是天然气。

防喷器未安装的井喷事故发生在一次下套管作业过程中。

52起浅层气井喷事故中至少有30起使用了或曾试图使用导流器系统。在其他一些井喷中可能也打算使用导流器系统，但并没有相关记录。使用导流器有3个可能的结果：

(1) 分流没有问题；

(2) 导流器操作失败；

(3) 导流器关闭后发生故障。

其中有一口开发井，起初钻井人员没能成功地启动导流器，因为它的放空阀关闭了。当他们准备打开放空阀时，管线因气体压力的突然升高而损坏，导流器操作失败。在SINTEF海上井喷数据库中，此事故被列入"导流器关闭后发生故障"的情况。

在23口浅层气井喷的开发井中，有16口井使用了导流器，其中有5口井导流器没有起到应有的作用。

在29口浅层气井喷的勘探井中，有14口井使用了导流器，其中有9口井导流器没有起到应有的作用。

"操作导流器失败"的情况发生了4次，其中有三次与放空阀无法开启有关。第四次失败的原因是为了下入扩眼器将导流器组件移开了。

"导流器关闭后故障"发生了11次。其中有8次是因为管线磨损或破裂。其他的3次是因为在导流器主要密封原件处发生了严重的泄漏。

在20世纪80年代，导流器系统受到很高的关注，因为在过去的一段时期里它非常不可靠。1985年北海的West Vanguard事故引发了对导流器系统的强烈关注[72]。为了改进导流器设计，进行了许多研究。这些研究的主要成果是导流器管线的直径应当加大以降低气流速度，而且弯头和节流点的数量应当降到最小以减少井喷过程中管线的冲蚀[56]。

节流点的数量和管线直径在挪威和美国的规范里都做出了相关规定[3, 47]。

1980—1992年，美国墨西哥湾外大陆架地区自升式钻井船和钻井平台导流器系统的管线直径从6in增加到了10in，半潜式钻井平台更是从6in或8in增加到了 12in [44]。弯头的数量减少到 2 个以内，而且所有的直角转弯处都进行了加固。

因为这些改善，导流器系统的可靠性已经在过去数年里得到了很大的提高。最近的一起导流器发生故障导致的浅层气井喷事故发生在 1989 年 3 月。从那以后发生过 8 起使用了导流器系统的井喷事故。趋向测试结果表明导流器系统改善后可靠性大约提高了 85%。

套管鞋处破裂的情况列出了 7 次，其中 5 次（4 口勘探井 1 口开发井）是因为关井造成了套管鞋处破裂。其中有一口井使用的是水下浅层气排出管线关井，因为作业者无法正常使用钻台上的导流器。有一口套管鞋处破裂的井发生在钻井过程中。还有一口井发生在导流器工作过程中，后来导致了地下井喷，这次地下井喷 10 天后才停止。表 6-5 中将此次井喷列入通过环空井喷的类别里，而不是地下井喷。

表6-5　开发井浅层气井喷侵入位置及通道统计表

液流通道 泄漏位置	钻柱	环空	环空外部	套管外部	未知	总计
导 流	—	9	1	—	—	10
导流系统泄漏—管线腐蚀	—	1	—	—	—	1
导流系统泄漏—管线破裂	—	2	—	—	—	2
钻井平台—转盘	—	3	—	—	—	4
钻井平台—钻柱顶部	1	—	—	—	—	1
平台井口	—	1	2	—	—	3
水下井口	—	—	1	—	—	1
水下套管外部	—	—	—	1	1	1
总 计	1	16	4	1	1	23

3. 浅层气井喷特征

此节讲述了与风险评估有关的以往井喷的特征。

1）井喷流动通道和释放点

表 6-5 和表 6-6 列出了开发钻井和勘探钻井浅层气井喷过程中最终流动通道与释放点。之所以特别指出最终流动通道是因为很多井喷的最初流动通道与之不同。例如，某次井喷可能最初流动通道是"井筒环空"，如果将环空关闭，

可能会在套管外部发生井喷。那么套管外部就是此次井喷的最终流动通道。在绝大多数井喷中，最终流动通道和最初流动通道相同。

有5种不同的最终流动通道，它们分别是：

（1）通过钻柱内部（或相关油管内部）；

（2）通过环空（井筒环空）；

（3）通过外部环空（套管之间的环空）；

（4）套管外部（在套管或导管的外侧）；

（5）地下井喷（在井下从某层流到另外一层）。

表6-6 探井浅层气井喷侵入位置及通道统计表

液流通道 泄漏位置	钻柱	环空	环空外部	套管外部	未知	总计
导流	—	6	—	—	—	6
导流系统泄漏—管线腐蚀	—	3	—	—	—	3
导流系统泄漏—管线破裂	—	2	—	—	—	2
钻井平台—转盘	—	1	—	—	—	1
井口	—	—	1	—	—	1
海底焊缝	—	—	—	2	—	2
水下井口	—	6	1	—	—	7
海底裸露套管	—	—	—	—	—	6
其他	—	—	—	—	1	1
总计	0	6	2	8	1	29

大多数浅层气井喷的最终流动通道是井眼环空。气流会被正常分流，也可能是导流器系统发生故障，有时气流会通过水下井口喷出。

对浅层气井喷，钻柱作为最终流动通道的情况很少有。报道中只有1起这样的案例。还有一起井喷事故的最初流通通道是钻柱，但当钻柱内部被关闭后，流通通道变成了环空。

有6起浅层气井喷事故的最终流动通道是"外部环空"（也就是在两层套管之间）。

"套管外部"作为最终流动通道的发生在 8 次勘探钻井和仅仅一次开发钻井井喷中。发生在套管外部的井喷是一种海底井喷。如果井喷流量足够大，会导致海底产生坑穴。海底坑穴对底部支撑式装置来讲是最可怕的，它最可能导致财产损失和人员伤亡。海底坑穴会导致装置沉没或倾覆。其中有 2 起事故导致了海底坑穴并且都导致了自升式钻井船沉没到坑穴中。在这些事故中没有人员伤亡情况发生。

2) 井喷流动介质

除了一起浅层水井喷外，所有的浅层井喷介质都是天然气。有 6 起井喷流体中伴有 H_2S（2 口开发井和 4 口勘探井），并且有 1 口开发井井喷气体中带有原油。浅层气井喷一般不会带来大的环境污染。

3) 井喷流量

浅层气井喷流量一般都无法测量。然而，一般认为其值较高，因为井筒直径较大，井喷时井筒内没有液相流体，并且从井喷层到井口的距离较短。

4) 井喷导致的火灾

表 6-7 中列出了与浅层气井喷起火相关的经验数据。

表 6-7　浅层气井喷起火时间统计

| 阶段 | 未起火 | 立即起火 | 延时起火 | | | | 总计 |
		< 5min	5min ~ 1h	1 ~ 6h	6 ~ 24h	> 24h	
开发井	18	3	1	—	1	—	23
探井	26	0	2	—	1	—	29
总计	44	3	3		2		52
	84.6%	5.8%	5.8%		3.8%		100%

如表 6-7 所示，有 85% 的浅层气井喷没有引发火灾。其中有 3 起（6%）井喷后立即引发了火灾，还有 3 起在井喷 20 ~ 35min 后引发了火灾。其他的 2 起是在井喷后大约 10h 才引发火灾。

井喷引发火灾的总体趋势表明，火灾概率在 1980—1994 年间已经有所降低（见 35 页"起火源和火灾趋势"）。根据对减少火源的关注和对导流器的改进以及对高温作业程序的改进等情况的分析，火灾概率的降低是合乎情理的。

5) 井喷持续时间

表 6-8 列出了浅层气井喷的持续时间。

表 6-8   浅层气井喷持续时间统计

阶段	井喷持续时间							总计
	<10min	10~40min	40min~2h	2~12h	12h~5d	>5d	未知	
开发井	3	1	4	2	6	2	5	23
探井	0	2	2	5	9	6	5	29
总计	3	3	6	7	15	8	10	52
	5.8%	5.8%	11.5%	13.5%	28.8%	15.4%	19.2%	100%

6）井控方法

在 52 起井喷事故中，其中有 34 起井控恢复的原因是引起喷塌或喷发衰竭，有 10 起是通过泵入钻井液压井恢复井控，有 2 起是挤水泥，另有 2 起是通过上部机械设备恢复井控，还有 4 起方法不明。

7）人员伤亡情况

钻井船沉没的 2 起事故并没有造成人员死亡。但有 2 起火灾井喷事故有人员死，1 起是在开发钻井中，天然气立即着火，最后造成 6 人死亡。另外 1 起是在勘探钻井中，在天然气泄漏 20min 后起火，造成 1 人死亡。

8）财产损失

因缺少相关资料信息，很难给不同的井喷确定确切的后果等级。在表 6-9 中，粗略地给出了井喷后果等级。

表 6-9   井喷损失程度统计

等级	开发井钻进	探井钻进	总计
轻微	19	25	44
严重	3	1	4
全毁	1	2	3
未知	—	1	5
总计	23	29	52

所有的浅层气井喷即使没有发生设备损坏或材料损失也会带来经济损失。在损失最小的案例中，仅仅是损失了从井喷开始到恢复井喷前的正常操作所耗

费的时间。北海地区钻井每日花费超过了 10 万美元。每起浅层气井喷事故总会
导致一天以上的时间损失。另外上部设备常因浅层气井喷气流的磨损和撕裂而
损坏。更加严重的是井喷后导致井眼的报废。在许多情况下，在永久弃井之前，
还必须先进行压井和安全处置。上面讲到的所有类型的井喷在表 6-9 中井喷后
果等级中都被归为"较小"等级。

4 起后果等级为"严重"的井喷事故造成了大量的设备损坏，在钻机重新
作业之前这些设备必须进行大修。其中的 2 起开发钻井浅层气井喷事故的设备
维修费用分别为 1100 万美元和 1300 万美元。第 3 起开发钻井浅层气井喷事故
的设备维修费用没有列出。对于这 3 起开发钻井浅层气井喷事故，未知数量的
生产损失也应当计算在总损失里。其中的 1 起勘探钻井浅层气井喷事故设备维
修费用为 3800 万美元（West Vanguard）。

3 起后果等级为"完全损失"的井喷事故中有 2 起后果是自升式钻井船沉
没到海底坑穴中，其中 1 起的经济损失折合美元为 3200 万美元。第 3 起事故的
后果是生产平台上的钻井装置和生活区被大火完全烧毁。

据报道，自 1970 年以来的世界范围内的浅层气井喷事故中有 12 起属于
"完全损失"级别（包括上文讲到的 3 起）。其中有 2 起因为钻井船浮力减小而
沉没，而这 2 起事故中的其中 1 起，如果不是钻井队没意识到浅层气井喷的危
险性，忽视作业程序，没有按照作业程序关闭靠近海平面的舱口，钻井船就不
会沉没。另 1 起，没有详细的资料供参考。有一点应当关注，并没有半潜式平
台因浅层气井喷和浮力减小而沉没。

其他的 7 起"完全损失"级别的井喷事故都发生在自升式钻井船上。其中
的 4 起是因为海底形成坑穴并导致了船的倾覆。其他的 3 起事故也是因为船体
向水中倾覆或倒塌，但并不清楚是否是因为海底形成了坑穴，其中的 2 起伴随
着火灾。

三、深层钻井井喷

在本文提到的井喷事故中，所有不被归类为浅层气井喷的，都被认为是
"深层"井喷。

井控措施的不同（深层钻井和浅层钻井对比）之处是在"深层"钻井阶段
一般要使用两级井控措施。一级井控措施是钻井液，二级井控措施是设计目的
为关闭环空（防喷器组）或钻杆（方钻杆阀或类似设备）的机械装置。在发生
井涌期间，启动机械式的井控措施时，整个井筒内的压力会升高。这需要地层
的破裂压力梯度足够高，以能够承受井筒内的压力升高，直到井筒内的静水柱

压力重新建立起来。如果地层的破裂压力梯度太低,可能会发生地下井喷或套管外井喷。

当浅层气发生井涌时,经常会导致井喷,而深层的井涌一般不会导致井喷。

下文简单讲述了钻井过程中的二级井控措施。一般的井控措施在12页的"油井作业中的井控措施"部分已经进行过讨论,在一些教科书中也有相关论述[4]。

在正常钻井过程中,二级井控措施是防喷器组。浮式钻井装置的防喷器组位于水下,而桩腿支撑式钻井装置的防喷器组位于甲板上。防喷器组主要用来关闭环空,但绝大多数防喷器组也带有剪切闸板用来剪断钻杆并封闭整个井筒。环空一般用环形防喷器或闸板防喷器来封堵,而全封剪切闸板防喷器作为一种应急装置,可剪断钻杆关闭整个井筒。关闭剪切防喷器将使井筒内的静水柱压力的重新建立变得非常复杂。

如果钻具内井涌,钻杆连接着钻井液循环系统(也就是说不是在起下钻作业或接立柱、装接头时),此时的压力会被钻柱流通通道内的阀门所控制。对带转盘的钻机来讲,此阀门是方钻杆阀;对带顶驱的钻机来讲,此阀门是一个可以远程遥控的顶驱内部的阀门。如果钻杆内部发生井涌时此阀门处于卸开状态(如起下钻时),必须立即抢装方钻杆阀或顶驱,以控制井涌。如果抢装失败,就必须关闭全封剪切闸板防喷器。

有些钻井作业者也会在靠近钻头的钻杆内使用单流阀,它在井内流体向钻杆内流动时会自动关闭。而有些作业者不使用此单流阀,因为该阀会给钻井作业带来其他问题。

套管、井口和钻柱也被视为二级井控措施,这些井控措施在发生井涌时不一定会用到。

一个或多个二级井控措施可能是无法使用的。这可能会因为井控措施自身发生故障了(比如井口连接器泄漏),或者无法正常操作了(比如防喷器无法关闭),又或者特殊的操作使得井控措施不可用(比如卸下防喷器以安装套管头)。如果二级井控措施不可用时发生了井涌,其结果很可能是发生井喷。

还有一些井控措施不可用的操作过程中(比如当钻铤通过防喷器时),闸板防喷器和剪切防喷器是无法使用的。当钻柱完全从井中提出来时,一般用剪切防喷器来关井,而环形防喷器也可以用来完成此目的,但只在紧急情况下使用。

上文所讲二级井控措施都是正常钻井过程中的常规井控措施。在许多特殊操作中要使用多种不同的二级井控措施(比如当在勘探井上测试产能时或在钻杆内进行钢丝作业时)。

在某次井涌通过二级井控措施被控制住以后，此时的主要目标是重新建立起井筒内静水柱压力控制体系，这可通过多种不同的方法来实现。方法的选择与井的状况和公司的井控政策有关。不同的方法都有其自身不同的优缺点，这在许多教科书中曾经讲到 [4, 22]。

四、深层钻井井喷经历

本节讲到的都是来自 SINTEF 海上井喷数据库（见 22 页"SINTEF 海上井喷数据库"）中 1980 年 1 月—1994 年 1 月美国墨西哥湾外大陆架和北海地区（英国和挪威）的案例。共有 32 起深层钻井井喷事故的记录。

表 6-10 列出了不同装置类型和井的类型的深层钻井井喷。

表 6-10　各种海上平台发生深水钻井井喷统计表

平台类型	开发井钻进	探井钻进	总计
导管架	5	—	5
自升式	6	9	15
半潜式	—	8	8
未知	1	1	2
总计	12	18	30

从表 6-10 中可见，在勘探钻井中自升式钻井船和半潜式钻井船发生的"深层"钻井井喷事故数量相当。因为这两类钻井装置各自所钻井的总数量不确定，无法根据钻井装置的不同来对井喷概率进行比较。

有 2 起半潜式钻机的井喷事故（一口勘探井和一口开发井）都是在浅水区钻井，其水深分别为 10m 和 15m（30ft 和 45ft）。

有 6 起开发钻井井喷事故使用自升式钻井船钻井。其中至少有 4 起发生在生产平台钻井的过程中。

图 6-3 和图 6-4 显示了深层井喷的数量、相关的回归曲线和平均曲线。

图 6-3 表明 1980—1994 年勘探钻井深层井喷的 NWTB 值呈缓慢降低趋势。通过以前使用过的任何统计方法，都不能得到一个所有的勘探钻井"深层"井喷的 NWTB 值的总体统计趋势。

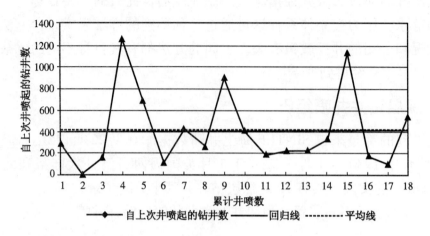

图6-3　探井深处井喷的数量，相关回归线，平均线

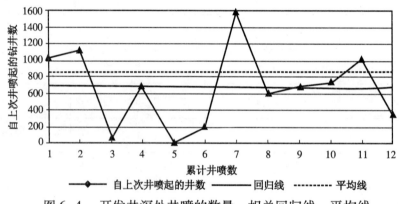

图6-4　开发井深处井喷的数量，相关回归线，平均线

图6-4表明1980—1994年开发钻井"深层"井喷的NWTB值呈缓慢上升趋势。通过以前使用过的任何统计方法，都不能得到一个所有的开发钻井"深层"井喷的NWTB值的总体统计趋势。对开发钻井"深层"井喷事故来讲，在最后一起井喷事故发生后已经钻了许多口井（大约2500口）。而这里的回归曲线分析并没有考虑到最后一起井喷后又顺利完钻的井数。这些井被称作已校对数据，因此平均曲线位于回归曲线之上。

表6-11显示的是勘探井和开发井钻井过程中井喷发生时正在进行的作业程序。

表6-11中可见，有50%的"深层"钻井井喷发生在以下作业过程中：钻进、起钻和候凝。若不考虑那些未知的作业程序的井喷事故，有67%的浅层气井喷发生在钻进、起钻或候凝作业过程中。

表6-11　深水钻井各种工序和作业发生井喷统计表

工序操作	钻进作业		下套管作业		试井		其他作业		总计	
	开发井	探井	开发井	探井	开发井	探井	开发井	探井	开发井	探井
钻进	3	6	—	—	—	—	—	—	3	6
起钻	1	2	—	—	—	1	—	—	1	3
下钻	—	—	1	—	—	—	—	—	1	—
候凝	—	—	2	1	—	—	—	—	2	1
拆卸防喷器	—	—	—	1	—	—	—	—	—	1
电缆测井	1	—	—	—	—	1	—	—	1	—
试井	—	—	—	1	—	—	—	—	—	1
上提钢丝	—	—	—	—	—	1	—	—	1	—
砾石充填	—	—	—	—	—	1	—	—	—	1
提套管	—	—	—	—	—	—	—	1	—	1
表面设备维修	—	—	—	—	—	—	—	—	—	1
未知	2	2	—	—	—	—	—	4	2	6
总计	7	11	4(3)*	1	2	2(1)*	—	5	13(12)*	19(18)*

* 括弧中的数据表示井喷数，一些井喷可能还有两种工序。

1. 深层钻井井喷原因

本节关注"深层"钻井井喷的原因。因为在钻井过程中一般都存在两级井控措施，本节将分成两部分。第一部分介绍一级井控措施失守的原因，主要讲静水压力井控措施；第二部分介绍二级井控措施失守的原因，主要讲甲板上的井控设备。

1）一级井控措施失守

当一级井控措施失守时会发生井涌。提到井控，尽早的发现井涌是非常重要的，这样可以在溢流量最小的时候关井。相比而言，小溢流量一般来讲较大溢流量更容易处理。

1980 年以后，检测井涌的能力已经得到了显著提高。对溢流和泥浆池增量的控制能力在这段时期里得到了显著提升，而且一直在继续提高。现在，钻机升沉的补偿测量方法经常被广泛使用。而且，每个泥浆池都安装多个传感器，并且更加成熟的随钻测量（MWD, Measurement While Drilling）工具和实时分析钻井数据的计算机技术也在使用。行业在不断地致力于改进井涌检测技术。

根据钻井承包商的说法，钻井液特性也已经得到了改进，而且改变钻井液相对密度的操作使用了更好的作业程序。钻井承包商提出一个问题，在钻井作业中，操作人员容易过分信赖钻井设计而忽略实际井况。

表 6-12 列出了已发生的井涌导致井喷的事故中一级井控措施失守的原因。

表 6-12 一级封隔失效导致深水钻井井喷统计表

一级封隔失效		开发井钻进		探井钻进		总计
		井喷数量	频率（井喷数 / 总井数）	井喷数量	频率（井喷数 / 总井数）	
静液压力过低	异常高压	1	0.00010	2	0.00026	3
	钻井液密度过低	—	0.00010	3	0.00039	4
	抽汲	2	0.00020	2	0.00013	4
	不正确充填	—	—	1	0.00013	1
	气侵	—	—	1	0.00013	1
	环空漏失	—	—	1	0.00013	1
	固井候凝	2	0.00020	1	0.00013	3
	钻遇临井	1	0.00010	—	—	1
	气窜	—	—	1	0.00013	1
	未知	3	0.00029	3	0.00039	6
固井质量差		—	—	1	0.00013	1
管柱封隔失效		1	0.00010	—	—	1
油管塞失效		1	0.00010	—	—	1
未知		—	—	3	0.00039	3
总计		12	0.00118	19(18)*	0.00236**	31(30)*

* 括弧中的数据是井喷数，一些井喷包含两种一级封隔。

** 以井喷数为基础。

此处对一级井控措施失守原因的相关描述与表 6-3 中浅层气井喷原因相似。

如表 6-12 中所示，"深层"钻井井喷发生在勘探钻井中的概率是开发钻井的 2 倍。

"深层"钻井井喷中一级井控措施失守的主要原因是静水压力过低。造成过低的静水压头的原因将在下一节进行讨论。固井质量差、测试管柱中井控措施失守、油管堵塞器故障各导致了一起"深层"钻井井喷。

一级井控措施失守的原因类别是固井质量差的那起事故同时也被列入了静水压头太低的类型里。在挤水泥作业过程中，天然气扩散到了邻井内。由于邻井的固井质量差和套管阀发生故障，邻井发生了井喷，井喷流通通道是套管之间或套管外侧。

测试管柱内井控措施失守的事故发生在地层测试器试井后正准备反循环的时候。3.5in 的钻杆在 300m 处分离。275bar（4000psi）的井内压力通过 2in 的放喷管线直达喇叭口。放喷管线下落并击穿了防喷器控制系统的一个阀门，这使得防喷器储能器压力泄漏，导致防喷器失效。

油管堵塞器故障也会在井的测试过程中发生。在完井之前，作业人员正在测试某一层（并不是设计中的目标产层），钢丝作业送入工具被上提后，尾管堵塞器开始泄漏。然后钢丝作业的防喷管系统关井失败。关闭剪切闸板和盲板，但都未能控制井喷。

（1）抽汲作用。

抽汲作用是损失静液柱压力的常见原因并诱发"深层"钻井井喷。而对浅层气井喷而言，抽汲作用是更为主要的原因。

在这些事故中，有 3 起事故的发生与起钻有关，第 4 起发生在电缆上提定向工具的过程中。

第 45 页关于抽汲作用和浅层气井喷原因的论述对深层钻井井喷同样适用。

（2）未预见的高压（钻井液相对密度过低）。

在 3 起"钻井液相对密度过低"造成井喷的事故中有一起是所配钻井液的密度不同于设计钻井液密度（勘探井）。另一起很可能发生在开发井下套管的过程中。还有一起发生在钻井过程中，并可能是因未预见的高压造成的。

未被预测的高压造成的 4 起井喷事故发生在正常钻进时。

正如所料，未预见的高压作为井控措施失守的原因发生在勘探钻井中要比在开发钻井中频繁得多，这与浅层气井喷的结论相同，其主要原因是钻勘探井时对地层的认识非常少。

1980—1994 年未预见的高压和钻井液相对密度过低作为一级井控措施失守的原因导致的井喷事故似乎不能揭示出任何井喷概率变化趋势。

（3）不合适的灌浆程序。

有一次一级井控措施失守的原因是不合适的灌浆程序。钻井人员上提了 25 根立柱的钻杆都没有进行灌浆，而规定的灌浆程序是每上提 5 根立柱就要灌浆 1 次。对这起浅层气井喷事故而言，并没有发现是不合适的灌浆导致了井喷，但因为井喷事故的描述不够详细，所以很难将不适合的灌浆程序和抽汲作用这两个因素区别开。

（4）固井水泥候凝

有 3 起井喷事故发生在注水泥后的某个时间。这 3 口井当时都未安装防喷器。其中的 2 起井喷事故，天然气起初是从 $10^3/_4$in 和 16in 的两层套管间的环空冒出，第三口井没有详细事故记录。

应当注意到，这 3 起井喷事故分别发生在 1988 年、1989 年和 1991 年，这个时期所谓的"气密性水泥"已经在使用了，但资料中没有提到使用的是哪种固井水泥。

（5）其他因素。

在"深层"钻井井喷事故中，只有 1 起报道称其原因是环空漏失导致了井涌。

据报道，气侵钻井液作为一级井控措施失守的原因导致了 1 起勘探井井喷。首先，有经验的钻井人员停止钻进进行溢流观测。然后，在控制排量循环钻井液两周后又恢复正常钻进时，发生了井喷。

有一次一级井控措施失守的原因是钻到了邻井井眼中。本起事故发生在 1985 年 12 月。该井钻入了一口气举井。关于这起井喷事故的资料很少，数据库中还包括 5 起类似的井喷事故，3 起发生在 20 世纪 70 年代的美国墨西哥湾地区，1 起发生在 1982 年的迪拜，还有 1 起发生在 1991 年的特立尼达。

聚集气也曾造成井涌，导致深层钻井井喷。当时作业人员正在进行弃井作业，并且已经打完水泥塞。首先，他们进行套管射孔作业并观察压力恢复情况，然后切割套管并观测流动情况。当他们开始上提套管时，聚集在套管下面的高压气体将隔水管内钻井液全部冲出。还有 1 起"深层"钻井井喷事故发生时聚集气在防喷器下方，但这并不是发生井涌的原因，而是发生井涌后循环不恰当造成的结果。

有 3 口开发井和 3 口勘探井井喷是由于未知原因导致的静水压头降低。

2) 二级井控措施失守

表 6-13　深水钻井第二层封隔失效至井喷统计

浅层气井喷原因	开发井钻进		探井钻进		总计
	井喷数量	比例（%）	井喷数量	比例（%）	
安全阀不可用	1	8.3	2	10	3
回压阀失效	—	—	2	10	2
无法关闭防喷器	3	25	2	10	5
防喷器关闭后失效	2	16.7	3	15	5
现场无防喷器	2	16.7	1	5	3
套管鞋破裂	1	8.3	1	5	2
固井质量差	—	—	1	5	1
套管阀失效	—	—	1	5	1
钢丝作业 BOP/ 防喷管未安装	1	8.3	—	—	1
套管漏失	1	8.3	3	15	4
未知	1	8.3	4	20	5
总计	12	—	20(18)*	—	32(30)*

* 括弧中的数表示井喷数，一些井喷报告了 2 种二次封隔失效。

(1) 钻杆内安全阀不可用。

有 3 起井喷事故二级井控措施失守的原因是钻杆内安全阀不可用。对其中一起开发钻井井喷事故，这个原因是假定的，因为在下刮管器和铣鞋的时候钻杆内部发生了井喷，没有提到试图关闭钻杆安全阀的操作。另外，还应当注意到当时的防喷器组中没有安装剪切防喷器。3h 后，该井发生了坍塌堵塞。

对其中 1 起勘探钻井井喷事故，当井涌发生时方钻杆阀正处于 3.7m 高的位置而无法操作。高压差导致了立管阀门无法关闭。当时的防喷器组中似乎也没有安装剪切防喷器，因为在井喷调查报告中并没有提到剪切防喷器的使用。

对另外 1 起勘探钻井井喷事故，钻杆安全阀因连续油管的下入而无法关闭。后来使用剪切防喷器关井。

(2) 抢装方钻杆阀失败。

有 2 起井喷事故的二级井控措施失守的原因是抢装方钻杆阀失败。在这 2 起事故中，都无法装上方钻杆阀来控制井喷。其中的 1 起是试图用顶驱加装阀门失败后，钻工在钻台上卸下一个立柱，并试图抢装上方钻杆阀，也未成功。这2起事故最后都使用了剪切防喷器关井。

（3）防喷器发生故障。

32起井喷事故中有13起是因为防喷器发生故障或没有正确操作而使得井涌发展成为井喷。根据报告，其中有1起井喷事故的原因是无法关闭防喷器，同时又是防喷器关闭后发生故障。

（4）无法关闭防喷器。

有5起井喷事故二级井控措施失守的原因是无法关闭防喷器。其中有1口开发井和1口勘探井井喷发生时，防喷器状况良好，但防喷器关闭太晚了（1口井是因为没有注意井的状况而关闭防喷器太晚，第2口井是在浅层有聚集气上涌，在气体释放出来之前没有足够的时间将防喷器关闭）。第3起井喷事故发生在导管架钻井过程中，并且原始资料中只提到钻井人员无法关闭防喷器。对第4起无法关闭防喷器的事故，防喷器控制系统无法工作，这是因为测试管线撞坏了控制系统的阀门，导致储能器压力泄漏，这起事故发生在开发井钻井过程中。

第5起无法关闭防喷器的事故同时也被报道是防喷器关闭后发生故障导致了二级井控措施失守。首先，水下防喷器中间闸板关闭，但这无法将井口完全密封，资料显示这可能是因为钻杆上有刮痕。此时隔水管内的天然气迅速到达钻台并燃烧爆炸造成了液压管线损坏，最后导致剪切防喷器无法关闭。

（5）防喷器关闭后发生故障。

在进行开发井测试时，先在尾管内下入桥塞，桥塞下入后开始泄漏，或未下到位。在上提钢丝作业工具后防喷管开始泄漏，作业人员关闭了剪切防喷器，地层流体再次喷出，然后他们又关闭了盲板防喷器，但天然气通过防喷器控制系统管线喷出。

在1口勘探井中，正在循环钻井液处理井涌，水下防喷器的挠性节流管线断开。水下防喷器节流阀受到严重冲蚀而无法封井。

在另1口勘探井中，正在关闭环形防喷器循环处理井涌。当环形防喷器下面的压力达到了大约300bar（4350psi）时，管柱开始上窜。作业人员试图关闭盲板防喷器，但部分管柱仍在井中。该防喷器组没有配备剪切防喷器，但配备了可变径闸板和固定闸板防喷器。然而，却并没有人试图关闭它们。

另外1起防喷器关闭后发生故障的案例源自一个低质量数据源。当循环处理井涌时，振动筛附近发生了爆炸。为控制井涌，关闭了剪切防喷器，而且如节流、压井阀或闸板防喷器等其他方法似乎也都用上了。因此推断这起井喷事故的原因是防喷器关闭后发生故障。

Ocean Odyssey 井喷，北海英国海域，1988 年

半潜式平台钻井至 4928m 时发生了高压井涌。循环处理井涌时，节流管线和节流阀先后发生故障。释放出来的天然气到达海面时发生了火灾，造成了 1 人死亡。

（6）防喷器未就位。

有 3 起防喷器组未就位的事故非常相似，事故发生时刚注完固井水泥，防喷器正处在拆除的状态。

（7）防喷器工作不正常。

对美国墨西哥湾外大陆架的许多起井喷事故，防喷器组中并没有安装剪切闸板防喷器。如果使用了全封剪切闸板防喷器，井涌或许早就被控制住了（也就是说井喷的严重性将小得多）。在美国大陆架地区，地面防喷器组不要求必须加装全封剪切闸板防喷器，只有在水下防喷器组中才强制安装。

控制井涌时，防喷器的可靠性非常重要。通常，如果发生井涌时防喷器能正常工作，则井涌可通过循环处理来消除。

仅仅根据井喷数据无法量化防喷器的可靠性或确定其可靠性趋势。但是，防喷器的可靠性在 SINTEF 海上井喷数据库中已经做过大量的研究分析。Holand 在参考文献[32, 33]中总结了水下防喷器可靠性的相关结论。北海挪威海域地区 250 口勘探井的防喷器失效被收集和分析。另外，在另一项研究[31]中，对地面防喷器的可靠性进行了调查分析，此项研究的基础是 50 口开发井防喷器的失效情况。

这些研究的部分结论如下：

①水下防喷器发生故障的概率自 20 世纪 80 年代初期开始呈下降趋势，至 1984 年、1985 年开始，此概率趋于平稳。

②当前，北海地区水下防喷器组已经很少发生防喷器、连接件和节流阀（截止阀）严重故障的情况。

③没有发现水下防喷器组液压控制系统总体失灵的情况。而其中某个储能器损坏的情况是很正常的。

④水下防喷器故障代价昂贵，防喷器故障及相关的维修工作会耗费掉大约 3% 的总钻井工期。

⑤地面防喷器发生严重故障要比水下防喷器频率高。在地面防喷器发生故障的案例中，防喷器主要的密封件损坏和防喷器失控的情况都有发生。

⑥地面防喷器故障维修工作只会耗费 0.36% 的总钻井工期。

West Hou 公司将美国墨西哥湾外大陆架地区和北海地区水下防喷器组造成

的停钻时间与 Holand 的结论 [32] 做了对比。他们的结论是防喷器故障导致的平均停钻时间在挪威、英国和美国墨西哥湾地区几乎相同。设备故障对停钻时间的影响较大 [12]。

美国墨西哥湾外大陆架地区与北海地区所使用的设备几乎相同。有一点不同的是美国墨西哥湾外大陆架地区的水下防喷器组不使用备用声波控制系统。美国公司只在阿拉斯加才使用这一系统。还有一点，在美国墨西哥湾外大陆架地区的地面防喷器组不强制安装全封剪切闸板防喷器 [15]。

现在的防喷器技术与 20 世纪 80 年代初期相比没太多变化。已知的大多数变化都是为了适应更高的压力和温度，另外有许多设备因过去的操作问题进行了改进。新的设备包括了防喷器的新型阀盖密封，并改善了节流阀和截止阀的设计（阀盖和这两种阀门在 20 世纪 80 年代初期密封高压时经常失效）[32]。另外，可变径的防喷器得到普遍使用，它可以封闭不同直径管材的环空。在这种情况下，当不同外径的管柱的组合下入井中时，有更多的环形防喷器可以用来关井。Hydril 最近发明了一种新型防喷器，称为紧凑型防喷器。阀盖组中有一种新型的阀盖密封设计允许低上扣扭矩值安装阀盖。这种新型阀盖密封，原则上能允许防喷器本体更大的弹性应变，因此防喷器总重量会降低大约 20% [36]。

钻井承包商和防喷器供货商表示，北海防喷器维护保养的质量已经得到了提高。有时候，钻机的日费较低时，防喷器组的维修工作由非生产厂家提供，这可能会降低维护保养的质量。

起初，美国墨西哥湾外大陆架地区和挪威对防喷器系统的测试规范是相同的，直到 1991 年挪威对防喷器测试规范进行了修改。修改后它们的主要区别是在美国要强制进行低压测试。挪威 1991 年的规范将防喷器高压测试的周期从 1 周延长到了 2 周，这些压力测试也包含了低压测试。一周两次的防喷器功能测试代替了压力测试。功能测试包括了对节流管汇和压井管线的压力测试。Holand 认为这些测试规范不会影响水下防喷器安全性 [32]。然而对于地面防喷器，得出的结论是这些防喷器测试频率的改变经常会降低安全的可靠性 [31]。这些结论的基础是对以往防喷器故障经验和检测故障方法的评估。

（8）套管鞋破裂。

套管鞋破裂发生过 2 次，分别发生在 1 口开发井和 1 口勘探井中。其中开发井发生井喷时，工作人员正在循环处理井涌，此时地层在套管鞋处破裂，天然气窜到了邻井中，随后邻井发生井喷。

另一口井套管鞋处破裂发生在井涌期间。作业人员发现有两处天然气窜出，一处在钻柱外环空，另一处在钻井船沉垫外侧，当时钻柱被卡住，钻柱承压

7bar（100psi），套压 43bar（620psi）。

（9）固井质量差和套管阀失效。

固井质量差和套管阀故障发生在同一起井喷事故中。在一口井中挤水泥操作失败，导致了天然气扩散到另一口井中。固井质量差和套管阀故障导致了临井中间套管或外部环空井喷。地下井喷持续了 4d 后发生桥堵而停止。套管阀被修理并关闭。

（10）钢丝作业防喷器（防喷盒）未安装。

钢丝作业防喷器（防喷盒）未安装的事故发生在起出钻具内定向测井工具时，当时观测到钻杆内流体快速上涌，作业人员剪断了电缆，有 1500m（4900ft）电缆落入了钻杆内，然后关闭了钻杆安全阀。

（11）套管泄漏。

有 4 起井喷事故二级井控措施故障的原因是套管泄漏，分别发生在 1 口开发井和 3 口勘探井中。

对其中的 2 口勘探井，在循环处理井涌时套管在防喷器下方的位置断裂。这 2 起井喷事故后来发生了坍塌堵塞。第 3 口套管泄漏的勘探井是在套管上有一个小孔，这导致了海底有天然气泡冒出。

1 口开发井的套管泄漏是发生井涌后上提管柱通过环形防喷器时，吊卡出现故障导致钻柱落井。技术套管鞋处地层破裂并且井口压力升高，这导致了套管在 996m（3268 ft）处发生断裂。这次断裂导致了一次地下井喷，这起井喷事故在持续了数月后最终发生坍塌堵塞。

（12）未知原因。

有 5 起井喷事故未记载其二级井控措施失守的原因。

2. "深层"钻井井喷特征

此节讲述与风险评估相关的深层钻井井喷特性。

1）井喷流动通道和释放点

表 6-14 和表 6-15 分别列出了开发钻井与勘探钻井"深层"井喷过程中最终流动通道和释放点。

大多数"深层"钻井井喷的最终流动通道是井眼环空，这种情况占到井喷总数的 50%。

没有任何开发钻井深层井喷的最终流动通道是套管外部。对浅层气井喷而言，套管外部作为开发钻井井喷最终流动通道的情况也非常少（见表 6-5）。套管外部井喷会导致天然气的水下释放，但没有任何一起深层开发井井喷事故导致天然气的水下释放。

表6-14　"深"开发井钻井井喷侵入位置及通道统计表

液流通道 泄漏位置	钻柱	环空	环空外部	套管外部	未知	总计
钻井平台—节流管汇	—	1	—	—	—	1
钻井平台—转盘	—	3	—	—	—	3
钻井平台—钻柱顶部	2	—	—	—	—	2
井口	—	1	2	—	—	3
无表面液流	—	—	—	—	1	1
未知	—	1	—	—	—	2
总计		6	2	—	1	12

表6-15　"深"探井钻井井喷侵入位置及通道统计表

液流通道 泄漏位置	钻柱	环空	环空外部	套管外部	地下井喷	未知	总计
钻井平台—转盘	—	2	—	—	—	—	2
钻井平台—钻柱顶部	3	—	—	—	—	—	3
井口	—	1	2	—	—	—	3
无表面液流	—	—	—	—	2	—	2
振动筛房	—	1	—	—	—	—	1
水下防喷器	—	1	—	—	—	—	1
水下裸露套管	—	—	—	3	—	—	3
未知	—	—	—	—	—	3	3
总计	3	5	2	3	2	3	18

18口勘探井的井喷事故中，有4起导致了天然气水下释放。在其中的2起事故中，天然气水下释放非常少；而在另外2起事故中，天然气水下释放非常严重，并有1起在天然气到达海面后发生了火灾。一般来讲，天然气水下释放的情况在勘探钻井中比在开发钻井中发生的概率要高得多，此规律同样适用于浅层气井喷（表6-5和表6-6）。

仅有 30% 的勘探钻井井喷的最终流动通道是钻井环空。

2）井喷流动介质

表 6-16 列出了"深层"钻井井喷不同流动介质井数的统计值。

表 6-16　北海和美国墨西哥湾"深"井钻井井喷介质统计

阶　段	井喷介质				总　计
	气	凝析	油	未知	
开发井钻进	10*	1	1	—	12
探井钻进	15**	—	2	1	18
总计	25	1	3	1	30

*　一口井的井喷原因是邻井的气举气导致井喷。

**　一口井的井喷原因是气体在套管外聚集。

井喷以油和气为介质的以油相介质列出，以油和凝析油为介质的以凝析油列出。

从表 6-16 中可以看出，绝大多数"深层"钻井井喷都是天然气井喷，只有少数是原油或凝析油井喷。这并不意味着钻气井比钻油井风险更大。有些天然气井喷发生在油井的钻井过程中。许多油藏都存在气顶。气体也会聚集在主力产层上部一个很小的空间内。这意味着在钻井过程中，一般在钻遇油层前会先钻遇天然气层。因为气层与其下部的油层有几乎相同的压力，这将导致在钻遇气层时静水压力梯度不够大，进而引发井涌。锥进效应或许会使井喷介质中含有原油。即使井喷发生时已经钻入油层（也就是说抽汲作用导致井喷），井口喷出的流体如果按体积来算其主要介质也还是天然气。然而，如果油层不含有气顶，或者井眼避开了气顶，井涌就会比较容易处理，因为随着压力降低膨胀性会减少，该情况下井喷流体主要是原油。如果发生井喷时油层段已经下完套管，则井喷的流体介质将主要是原油。

3）井喷流量

在以往的井喷事故中，一般不会报道井喷流量，只有很少部分的井喷事故记录中包含了井喷流量。

井喷流量是风险和环境分析中的重要参数。为了确定预测的井喷流量对油田的真实影响情况，应当将油田特定产能数据与井喷数据相对比，以了解井喷过程中井内限流条件。对部分井喷事故，井内限流条件明显低于井喷流量。

4）井喷污染

1980年1月以后在北海和美国墨西哥湾外大陆架没有深层钻井井喷导致严重污染。有2起事故导致了轻微污染。其中污染较重的1起据报道有几立方米的原油泄漏到海中。

然而，在1970年1月以来世界范围内的110起深层钻井井喷事故中，有6起曾被报道导致了严重的原油泄漏，其中5起发生在勘探钻井过程中，1起发生在开发钻井过程中。

井喷会导致严重的污染，但美国墨西哥湾外大陆架和北海地区的井喷历史显示很少有严重的污染事故发生。

5）井喷导致的火灾

表6-17列出了深层钻井井喷导致火灾的情况。

表6-17 "深"水井喷起火时间统计

| 阶段 | 未起火 | 立即起火 | 延时起火 | | | | 总计 |
		< 5min	5min ~ 1h	1 ~ 6h	6 ~ 24h	> 24h	
开发井	11	1	—	—	0	—	12
探井	14	1	—	—	3	—	18
总计	25	2	—	—	3	—	30
	83.3%	6.7%	—	—	10.0%	—	100%

从表6-17中可见，83%的"深层"钻井井喷事故没有造成火灾。有2起（7%）井喷事故立即发生了火灾，其他的3起（10%）火灾分别发生在井喷开始后第7、第8和第12个小时。起火源和火灾趋势在第35页的"起火源和火灾趋势"中已介绍。

6）井喷持续时间

表6-18列出了深层钻井井喷的持续时间。

表6-18 深水井喷持续时间统计

| 阶段 | 井喷持续时间 | | | | | | | 总计 |
	< 10min	10 ~ 40min	40min ~ 2h	2 ~ 12h	12h ~ 5d	> 5d	未知	
开发井	1	—	—	3	4	3	1	12
探井	1	1	1	2	7	2	4	18
总计	2	1	1	5	11	5	5	30
	6.7%	3.3%	3.3%	16.7%	36.6%	16.7%	16.7%	100%

7) 井控方法

32 起深层钻井井喷事故中，有 13 起井喷得到控制的原因是井下垮塌桥堵，有 4 起是通过泵入压井液压井，7 起使用防喷器关井，有 1 起通过其他的地面机械装置压井，还有 7 起井喷控制方法不明。

8) 人员伤亡情况

有 4 起井喷事故导致了人员死亡事故，共有 11 人丧生。有 2 起分别导致 1 人丧生，有 1 起导致 4 人死亡，还有 5 人在另外一起井喷事故中丧生。这 4 起井喷事故都发生在探井中，而且都引发了火灾。应当注意到，这 4 起井喷事故中有 3 起是在井喷开始后数小时才发生火灾（表 6–17），1 起井喷事故是在井喷后立即发生火灾，导致了 1 人死亡。

9) 财产损失

因缺少相关资料信息，很难对不同的井喷造成的财产损失确定一个具体的后果等级。在表 6–19 中，粗略地给出了"深层"钻井井喷的严重程度。要注意此严重程度用来衡量平台或钻机的损坏程度，而不是井控操作的费用。

表 6–19　井喷损失程度统计

等级	开发井钻进	探井钻进	总计
轻微	9	12	23
严重	—	2	2
全毁	—	1	1
未知	3	3	6
总计	12	18	32

所有的井喷事故都会带来经济损失，即使没有地面设施损坏也是如此。损失最小的案例是仅损失掉恢复到井喷前的正常状态所耗费的工时。然而，井喷经常导致弃井。为保证井的完全安全，压井作业可能要持续数月。

在表 6–19 中，井喷后果的严重程度仅仅包含了上部设施的损坏情况，由于控制井喷的成本没有评估，因此没包括在内。1989 年北海发生的著名的 Treasure Saga 井喷，处理井喷作业的时间超过 200 天，这起井喷事故在表 6–19 中的后果等级为较小，但这起井喷事故的总损失将近 3 亿美元。

表中列出的后果等级为严重的两起井喷事故导致了上部设施的严重损坏，这需要进行大修作业才能使钻机恢复作业能力。有一家公司报道修理设备花费了 1500 万美元；另外一家公司的维修费用在报告中没有提到，但他们重建了钻机。这两起井喷事故都有人员死亡情况发生。

表中列出的损失等级为完全损失的井喷事故中使用的钻机被重建并在两年后投入使用,其维修费用为3000万美元。这起事故发生在1980年,在1980年之后还没有"深层"钻井井喷事故导致完全损失的重大后果。1970—1979年,在北海和美国墨西哥湾外大陆架地区共有3起后果等级为完全损失的井喷事故发生。

在1970年1月后世界范围内发生的110起"深层"钻井井喷事故中,有16起损失等级是完全损失,有10起等级为严重。

第七章　完井井喷

完井井喷发生在完井工程中。完井工程指的是一口井完钻之后，安装设备或因生产需求而进行的相关作业。这个过程通常包括准备、下生产油管以及安装井口采油树。例如，一口井在下套管之前的砾石充填作业或其他一些下油管前的准备工作，都被看做是完井工程的一部分。

完井作业的复杂性差异很大，有些很简单，有些很复杂。油田不同，作业人员不同，完井作业的复杂程度也不相同，其主要取决于储层特性、油公司的选择与需求以及政府的要求等因素。

复杂性的依赖因素：

（1）砾石充填、防砂筛管或裸眼；

（2）双层或单层完井；

（3）人工举升（现在或以后）；

（4）防腐设备；

（5）井下化学剂注入设备；

（6）单式、复式井下安全阀；

（7）环形安全阀；

（8）其他因素。

本书中，对在各种完井方式中的完井设备不进行区分。这是因为进行区分所需的信息不足，且完井井喷的数量较少。

SINTEF 海上井喷数据库包含了 7 起发生在美国墨西哥湾外大陆架和北海（挪威，英国）地区的完井井喷数据，发生的时间为 1980 年 1 月—1994 年 1 月。

一、完井井喷的概率趋势

7 起井喷实例中，1 起发生在 1980 年，5 起发生在 1981 年，还有 1 起发生在 1987 年。没有详细的原因来解释为何 1981 年频繁发生完井井喷事故。与其他年份相比，这一年的完井数量也没有显著的不同。1981 年的 5 起井喷事故发生在不同的油田，时间跨度为当年的 1 月份至 10 月底。

这说明井喷发生的可能性有某种趋势，当前井喷发生的可能性比平均井喷发生的比率要低。完井井喷趋势已进行了调查，并且发现其非常明显。该趋势分析的结果见第 93 页"钢丝作业井喷"。对勘探井、生产井以及修井的井喷概率总体趋势（第 5 章、第 6 章、第 8 章）还不能明确识别。

表 7-2 和表 7-3 主要讨论了发生井涌时的二级井控措施。这几起井喷事故的主要原因是防喷器组中没有能阻止井喷发生的全封剪切闸板防喷器。美国墨西哥湾水域没有强制要求在水上防喷器组中使用全封剪切闸板，仅在水下防喷器组中有这种强制要求 [15]。

二、完井井喷的原因

表 7-1 给出的是完井井喷发生时正进行的作业与活动。

表 7-1　完井井喷发生时工序和作业统计

工序作业	运行设备	试井	循环	未知	总计
起管柱	—	1	—	1	2
循环	—	—	1	—	1
压井	—	—	1	—	1
射孔	—	1	—	—	1
砾石充填	1	—	—	—	1
未知	—	—	—	2	2
总计	1	2(1)*	2	3	8(7)*

* 括号中的数据表示井喷数。因为有些井喷有两道工序。

由于完井井喷的发生次数少，无法识别井喷发生时正进行的作业或活动的趋势。唯一值得注意的是 7 起完井井喷事故中有 2 起发生在起钻时。

表 7-2 列出了井喷中一级井控措施和二级井控措施失守的原因。

表中列出的钻井液密度太低且管柱安全阀失效的事故，井队人员将钻井液密度从 1600kg/m³ 降到 1200kg/m³（14lb/gal 到 10lb/gal）时，开始发生溢流。方钻杆阀不能关闭。方钻杆阀和立管阀刺漏。井队人员尝试往井中泵入钻井液，但是失败了。看上去防喷器组中没有包含全封剪切闸板防喷器，因为当时是通过在防喷器组中安装剪切闸板把井压住的。

表中列出的钻井液密度太低且管柱安全阀失效的事故，并没有被详细地描述。开始井涌是因为井没有被很好地压住，而所谓的"回压阀"在完井作业之前已被卸掉了。

表 7-2　第一、第二级封隔失效导致完井井喷统计表

第二级封隔失效 ＼ 第一级封隔失效	静液压力过低			油管漏失	未知	总计
	环空漏失	抽吸	钻井液密度过低			
安全阀失效	—	—	1	—	—	1
安全阀不可用	—	—	1	—	—	1
回压阀失效	—	1	—	—	—	1
压井压力不足	—	1	—	—	—	1
关闭防喷器失效	1	—	—	1	—	2
未知	—	—	—	—	1	1
总计	1	2	2	1	1	7

表中列出的发生抽汲且抢装方钻杆阀失败的事故，给出的描述中仅仅指出是在起钻时发生的事故，一天之后，使用干冰冻结钻杆控制住了井喷。钻井人员似乎试图抢装方钻杆阀，但是失败了。防喷器组中似乎没有安装全封剪切闸板。

表中列出的发生抽汲和摩擦压力不足的事故，井队在起钻前仅仅是对上部砂层进行了射孔作业和在环空中循环钻井液。接着就发生了钻杆内溢流。在关井后，工作人员试图从环空中下入连续油管压井。随后 3.5in 的管柱、卡瓦和转盘补心被喷出来。

表中列出的发生环空液面下降和关闭防喷器失败的事故，钻井液漏失到了低压产层。降低钻井液密度，并进行周期性的灌浆。正在下入砾石充填工具时上部油层发生了井涌。由于没有尺寸合适的闸板防喷器，并且防喷器组中没有全封剪切闸板防喷器或环形防喷器，全封闸板防喷器关闭在 $4\frac{1}{2}$in 的钻杆上。

表中列出的发生油管向环空刺漏且关闭防喷器组失败的事故，当时刚用连续油管在新射开的产层完成诱喷作业，然后关井。其后，操作人员开始上提油管，以打通旁通阀并进行循环压井。此时防喷器组和控制头之间 $2\frac{7}{8}$in 的油管接头脱扣。在上下闸板防喷器关闭之前，油管已掉进防喷器内。井队人员在关闭环形和全封闭闸板防喷器时遇到了问题，溢流通过敞开的油管开始涌出。防喷器组上没有全封剪切闸板防喷器，且井下也没有设置管内井控措施。

对于列表中最后给出的完井井喷原因未知（与一级井控措施和二级井控措施相关的）的事故，相关信息非常少。该信息只表明发生了天然气井喷，其原因是完井作业中管线上的一个高压接头破裂。

三、完井井喷特征

1）井喷流动通道和释放点

表7-3列出了在完井过程中井喷的最终流动通道与释放点。

表7-3　完井井喷释放位置及液流通道

释放位置＼液流通道	钻柱通道	油管通道	环空通道	总计
钻台—钻杆阀	1	—	—	1
钻台—转盘	—	—	2	2
钻台—钻柱顶部	2	—	—	2
钻台—油管顶部	—	1	—	1
未知	—	1	—	1
总计	3	2	2	7

大多完井井喷流体通过油管、钻杆（工作管柱）流出。在这些井喷事故中，有些是由于防喷器组中没有安装全封剪切闸板防喷器。如果安装了全封剪切闸板防喷器，就能够在早期阻止井喷的发生，且大多数情况下将不能被归类为井喷。在美国大陆架地面防喷器组的规定中就没有要求强制使用全封剪切闸板防喷器[15]。

其中有2起井喷事故是通过环空喷出的，一个是钻柱被喷出井眼；另一个是闸板防喷器的闸板尺寸与管柱尺寸不匹配，并且防喷器组没有安装环形防喷器和全封剪切闸板防喷器。

2）井喷流体

列表中给出的7起井喷事故中，有6起井喷流体为天然气，剩下1起是油气混合物。

3）井喷污染

这7起井喷事故都没有造成严重的污染，其中5起没有造成任何污染，另外2起有轻度的海面油膜污染。

然而，自1970年1月以来，在世界范围内发生的18起的完井井喷事故中，有2起造成了严重的污染，1起是1971年发生在伊朗，另1起是1980年发生在尼日利亚。

4）井喷导致的火灾

这 7 起完井井喷中，有 1 起在井喷开始后起火，持续了 12h，严重损坏了钻井平台，另外 6 起没有起火。

5）井喷持续时间

表 7-4 显示了井喷的持续时间。

表 7-4　完井井喷持续时间

阶段	井喷持续时间							总计
	< 10min	10 ～ 40min	40min ～ 2h	2 ～ 12h	12h ～ 5d	> 5d	未知	
完井	1	—	—	—	4	2	—	7
	14.3%	—	—	—	57.1%	28.6%	—	100%

6）人员伤亡情况

这些井喷事故中没有造成人员伤亡。

7）物质损失

唯一的一起造成上部设施严重损坏的是井喷后起火的那起，然而报道却称只造成了少量的上部设施损失。

第八章　修井井喷

尽管海上的井喷大多发生在钻井过程中，但是许多深层井喷发生在修井中的次数大于在开发井钻井中的次数（表5—1）。在19起修井过程中发生的井喷中仅有1起发生在北海，其余的均发生在美国墨西哥湾外大陆架地区。美国墨西哥湾外大陆架地区作业比北海地区更加成熟。在美国墨西哥湾外大陆架地区，1993年的在役井的数量大约与1980年的数量持平，然而在北海地区（英国和挪威），1993年在役井的数量大约是1980年的2.5倍。因为总井数的增加和井平均年龄的增加，修井作业的井数在北海地区逐年增加。

修井过程中发生的井喷往往比在钻井过程中发生的井喷更容易引起严重的污染，这是因为修井井喷时非产层段已经被套管封住，井喷直接发生在产层段。一旦发生井喷，流出地表的流体的种类取决于该井射开层位是油层、凝析油层还是气层。钻井期间发生的主要都是天然气井喷，这可以在表5—6中得到证明。

本书中修井的定义是指大修作业，一般要完全或部分起出生产管柱。在近些年来修井中其他的一些方法也变得更加常用，特别是不压井修井和连续油管的使用。连续油管在将来的修井中应用会越来越多。Bedford介绍了一种在修井中应用连续油管非常有效的方法 [10]。使用连续油管和不压井修井的方法，可以减少对传统修井方法的需求。采用这些方法的目的主要是用来降低修井成本。但是这些作业方式是否会增加或降低井喷的风险还没有得到证实。

修井过程中井控措施与开发井钻井中的基本一致。值得注意的是，它们之间也存在一些差别 [55]：

（1）在修井过程中，产层基本上一直都是暴露的（溢流可能发生）。在钻井过程中，产层在整个钻井周期中仅有一小段时间是暴露的。

（2）在修井中经常使用无固相的修井液。修井过程不具有在钻井过程中形成的具有隔离地层作用的泥饼。这就意味着在修井过程中，修井液通常会持续的漏失到地层。

（3）修井作业允许较高的关井压力，因为修井作业不会像钻井作业那样可能在较浅的套管鞋处压漏地层。

（4）挤入压井法在处理修井溢流时成功的可能性比处理钻井溢流时的更大。

（5）在修井中对套管的情况了解较少，这是因为套管在井下使用了一段时间，可能已经被腐蚀了。

（6）和钻井期间井涌相似，循环排气时无需调整钻井液密度。

修井井喷经历

本章介绍了以 SINTEF 海上井喷数据库为基础的从 1980 年 1 月—1994 年 1 月发生在美国墨西哥湾外大陆架及北海地区（英国和挪威）修井井喷事故（见 22 页 "SINTEF 海上井喷数据库"）。共有 19 起修井井喷事故记录。

图 8-1 显示了年度修井井喷概率和逐年生产井数量的关系以及相关的回归曲线。

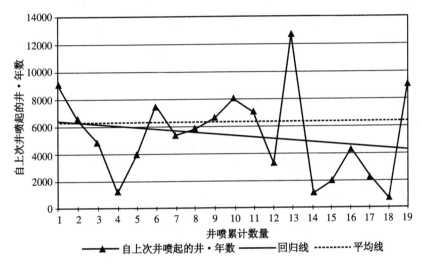

图 8-1　自上次修井井喷至今的生产年数，相关的回归曲线，平均线

图 8-1 显示 1980—1994 年生产井发生井喷的数量有轻微下降的趋势。但是，任何统计方法都不能总结出特别有意义的总体趋势。对修井期间的井喷而言，根据数据记录，自从上次发生井喷以后，大约已经经过了 21000 个生产井·年数。回归分析并不能处理已校对的数据，因而平均线位于回归线之上。

表 8-1 给出了修井井喷时正进行的作业和活动。

从表 8-1 可以看出，起管柱作业是唯一一个曾多次发生修井井喷的作业过程。另外，有 2 口井在不压井修井时发生井喷，还有 2 口井在井循环过程中发生井喷。

1. 修井井喷原因

修井过程中一级井控措施和二级井控措施失守的原因在表 8-2 中进行了综合性的表述，该表列出了修井作业时井失控的原因。

表 8-1　修井发生井喷时作业工序统计表

作业＼工序	上提设备	安装设备	射孔	试井	循环	抽吸	弃井	未知	总计
起管柱	2	—	—	—	—	—	—	—	2
上提油管	5	—	—	—	—	—	1	—	6
非作业时间	—	—	—	1	1	—	—	—	1
循环	2	—	—	—	—	1	—	—	3
固井候凝	—	—	1	—	—	—	—	—	1
下桥塞	—	1	—	—	—	—	—	—	1
射孔	—	1	—	—	—	—	—	—	1
强行下入管柱	—	—	—	—	—	—	—	—	1
更换设备	—	1	—	—	—	—	—	—	1
未知	—	—	—	—	—	—	—	1	2
总计	9	3	1	1	1	1	1	1	19

表 8-2　修井井控失败原因分析

第二级封隔失效＼第一级封隔失效	静液压力过低					带压修井设备故障	封隔器失效	固井质量差	总计
	抽吸	钻井液密度过低	气蹿	固井前置液密度过低	未知原因				
安全阀不能用	—	—	—	—	1	—	—	—	1
回压阀失效	3	—	—	1	—	—	—	—	4
安全阀失效	1	—	—	—	—	—	1	—	2
防喷器关闭失败	2	1	—	—	—	—	—	—	3
压井压力不足	1	1	3	—	1	1	—	—	7
环空阀失效	—	1	—	—	—	—	—	—	1
套管头失效	—	—	—	—	—	—	—	1	1
其他	—	—	—	—	—	1	—	—	1
总计	7(6)*	3	3	1	2	2	1	—	20(19)*

*　括号中的数据表示井喷数。因为有些井喷可能两次二级井控失效。

1）一级井控措施失守

（1）抽汲。

在 6 次修井井喷记录中，抽汲是一级井控措施失守的原因。第 1 起抽汲导致井喷发生在起管柱时。关于第 2 起抽汲引发井喷的信息很少，可能是在起管柱时发生了井涌。第 3 起抽汲引发井喷是发生在上提封隔器和管柱过程中，油管断裂了。第 4 起抽汲引发井喷是发生在用液压千斤顶上提油管时。第 5 起抽汲引发井喷是在把油管提出悬挂器时，发生了井涌。第 6 起发生在钻杆测试结束后起出了钻柱和测试工具时，10 ~ 15min 以后，气体溢流开始从喇叭口涌出。

（2）钻井液相对密度过低。

表中所列有 3 起井喷事故一级井控措施失守的原因是钻井液相对密度太低。第一起低钻井液密度事故是在挤水泥和射孔之后，井眼开始涌出气体和水泥浆。

第 2 起钻井液相对密度过低导致井喷的原因是沟通不畅，在压井前（双管柱）拆除了油管挂锁紧销钉。

第 3 起钻井液相对密度过低导致井喷的原因是作业人员循环 1.5m³（10bbl）的水进入油管并从环空排出时，发生了溢流。

（3）聚集气。

修井井喷中，有 3 起是因为聚集气导致一级井控措施失守。第 1 起聚集气引起井喷事故中，作业人员在作业前下入的检测工具并没有发现聚集气的存在。当试图解封封隔器时，油管在 600m（1900ft）处断裂了，聚集气将大约 215m（700ft）油管从井中喷出。

第 2 起聚集气引发井喷的事故发生在拆卸盲堵时。井下安全阀下部的聚集气将 133m（436ft）的油管、钻杆和钻铤喷出井筒。

第 3 起聚集气引发井喷事故的原因是聚集气就聚集在封隔器的下面。封隔器由于某些问题解封，当作业人员上提油管挂时，生产管柱从井眼中喷出。在剪切闸板防喷器关闭之前，长 59m（194ft）的管柱从井眼中喷了出来。

（4）固井前置液密度太低。

固井前置液密度太低引发的井喷的原因是：在注水泥作业中，作业管柱内处于欠平衡状态。注完水泥塞后，在起出两个立柱时，发生了井喷事故。

（5）静液柱压力过低—未知原因。

有 2 起井喷事故尽管信息很少，但当井喷发生时，这两口井都应由静液柱压力进行控制。

(6) 带压修井设备失效。

2 起井喷事故发生在带压修井作业时。第 1 起事故发生的原因是外螺纹钻杆接头堵塞了失效的下部闸板防喷器的出口。

第 2 起事故是由带压修井工具接头上的测量错误导致的。这个工具接头被误认为比实际工具长度少 0.5m (1.5ft)。带压修井工具接头下入倒手闸板时,造成 1in 的带压修井管柱变形并屈服破坏后发生井喷。

(7) 封隔器堵塞器失效。

在修井过程中用泵打开封隔器堵塞器,并通过地面装备实施井控。在用低密度的封隔液顶替钻井液的过程中,因意外超过安全销钉的承压能力导致封隔器堵塞器失效,随后发生井喷。

(8) 固井质量差。

在重新射孔时,套管挂的锚定螺栓发生泄漏。在不能保证井的安全的情况下,使用将两个 2in 的固定螺栓和密封套组合拆除的方法来处理漏失,结果井眼通过螺孔发生井涌。

2) 二级井控措施失守

有 7 次二级井控措施失守是由钻具安全阀失效导致的,有 12 次是源于防喷器故障,有 1 次是因为环空阀出现了问题。表中列出的不相关的事故井,没有设置二级井控措施。

(1) 钻具安全阀失效。

在修井作业中,当将管内防喷器控制转换为油管安全阀控制时发生井涌。几小时后关闭了全封剪切闸板防喷器控制井涌。

(2) 抢装方钻杆阀失败。

第 1 起抢装方钻杆阀失败的事故发生时,作业人员正试图抢装方钻杆阀,但因为此时钻杆内喷出流体的冲击力过大而未能成功。

第 2 起抢装方钻杆阀失败的事故原因是当井内流体开始从钻柱内慢慢涌出时,钻井工人没有做好抢装固井管柱方钻杆阀的准备,即没有提前在固井工作管柱上安装一个转换接头。井涌开始后,当把转换接头安装好时,井涌流量已经太大了,无法再抢装方钻杆阀。工人们也在抱怨连接螺纹太细了。

第 3 起抢装方钻杆阀失败的事故,井队人员发现喇叭口短节开始冒泡,便开始下管柱。接着油管内开始发生井涌。工作人员曾五次尝试往油管上安装一个敞口阀,但都失败了。此后,工作人员试图通过远程控制面板关闭防喷器也没有成功。

第 4 起抢装方钻杆阀失败的事故原因不明,但似乎在钻工最终试图抢装方钻杆阀之前，管柱内井涌已经发生有一段时间了。

（3）钻具安全阀失效。

第 1 起钻具安全阀失效导致的井喷事故中，方钻杆阀和井下安全阀不能关闭。记录中没有指出是阀门无法旋动还是无法接近阀门开关。

第 2 起钻柱安全阀失效的事故中，在循环期间安全阀和接头之间的螺纹出现泄漏。一段时间之后，泄漏停止。作业人员决定关井，并试图关闭方钻杆阀。但关闭方钻杆阀非常困难，在仅仅关了一半时，钻具安全阀又突然开始泄漏，工作人员尝试再次打开方钻杆阀，但是没有成功。

（4）防喷器关闭失败。

第 1 起防喷器关闭失败的事故，是注水泥作业影响了防喷器的操作，使防喷器不能完全关闭导致的。

第 2 起防喷器关闭失败事故，在报告中指出是因为抢装安全阀失败，该事故同时也被归类为抢装方钻杆失败的事故。

第 3 起防喷器关闭失败事故发生在起油管的过程中。在甩油管作业时未起出的油管坐在吊卡上。这时，井眼开始喷出水、沙和天然气。工作人员试图利用吊卡上提管柱，将油管坠入井内但没有成功。工作人员随后就撤离了钻机。报告中没有提到尝试关闭防喷器。推测是防喷器组中没有安装剪切闸板防喷器，或工作人员无法关闭剪切闸板防喷器。

（5）摩擦压力不足。

所有管柱被喷出的事故都归类为摩擦压力不足，这些事故包括：工作人员不能关闭防喷器，或者是虽然关闭了防喷器但摩擦压力太低，不能将管柱保持在井筒中。

第 1 起报道摩擦压力过低的事故是导致二级井控措施失守的原因。工作人员在控制台远程控制关闭防喷器之前，油管在井下 180m 处断裂，并有约 150m 的油管喷出。

第 2 起摩擦压力过低是二级井控措施失败的原因，1in 的带压修井管柱被喷出井口，并因摩擦导致天然气起火。由于温度太高，工作人员在无法接近并操作防喷器的情况下关闭了主阀。

第 3 起摩擦压力过低事故持续时间非常短暂，9 根 $2\frac{3}{7}$in 油管被喷出井口后关闭了剪切式闸板和主阀。

第 4 起摩擦压力过低事故中，在关井和压井之前，聚集气将井内 215m 的油管喷出井外。

第 5 起摩擦压力过低事故发生在压井前，油管挂固定锁紧销钉已完全松扣。

油管悬挂器,油管柱,井下球形阀和水下定位悬挂器从井深90m处喷出。在管柱喷出之后,关闭剪切全封闸板防喷器并用压井液压井成功。

第6起摩擦压力过低事故发生在工作人员正在进行无控制卸扣作业时,井下安全阀以下的圈闭气将133m长的钻杆和钻铤喷出井口。喷出的管柱全部落入水中。

第7起摩擦压力过低事故发生在司钻正在上提油管悬挂器总成时,油管开始冲出井眼。司钻关闭剪切全封闸板防喷器来阻止管柱上窜。然而在油管被剪切闸板切断之前,59m(194ft)的双回接管柱冲出井外。

(6)环空安全阀失效。

工作人员用化学切割方法在120m处切断来更换损坏的井下安全阀。随后打开了环形阀,往油管中循环1.5m³的水,并经环空阀返出。一部分流体从顶部阀溢出,工作人员立刻将其关闭,流体就从环形阀中溢出。当工作人员试图关闭环形阀时,阀杆折断。

(7)套管头损坏。

所记录的套管头损坏发生在重新射孔作业中。起初,套管悬挂器固定螺栓发生泄漏。在没有压稳井的情况下,拆除两个2in的固定螺栓和密封总成来修理泄漏时,发生井涌并从镙孔喷出。操作人员打开套管阀泄压,试图重装螺栓,但井涌太严重而未成功。

(8)不相关的事故。

下面列出了与二级井控措施不相关的事故。事故发生时只有一级井控措施。该事故发生在修井作业中。当防喷器开始通过一个死堵泄漏时,已不存在井控措施。

2. 修井井喷特征

该部分描述了和风险评价相关的井喷特征。

1)井喷流动通道和释放点

表8-3列出了修井井喷时的最终流动通道和释放点。

从表8-3中可以看出,修井井喷的最终路径不存在套管外通道。正常的溢流路径是通过钻柱(油管)或通过环空喷出。另外,通过钻柱(油管)发生的井喷,大多都是从悬挂在转盘卡瓦上的钻柱(油管)顶部喷出的。通过环空发生的井喷,大多从转盘处喷出。

2)井喷流体

表8-4显示了修井井喷中流体介质的总体情况。

井喷所记录的流体介质同时有油和气的归类为油井井喷,既有气体又有凝析油的井喷归类为凝析油井井喷。

表 8-3　修井井喷释放位置及通道

释放位置 ＼ 流体通道	管柱通道	油管通道	环空通道	外部环空通道	总计
防喷器法门泄漏	—	—	1	—	1
钻台—转盘	—	—	8	—	8
钻台—钻柱顶部	3	—	—	—	3
钻台—油管顶部	—	3	—	—	3
钻台—油管阀	—	1	—	—	1
井口	—	—	—	1	1
采油树	—	—	1	—	1
未知	—	—	1	—	1
总计	3	4	11	1	19

表 8-4　北海和美国墨西哥湾修井井喷介质统计

阶段	流体介质			总计
	气	凝析	油	
修井	13	1	5	19

油井修井井喷发生的次数远高于深井钻井中的井喷次数（表 5-5）。

3）井喷流量

已发生的井喷其流量大多没有记录，只有一起修井井喷中附带了一张流量图。

流量是风险和环境分析中的重要参数。为了建立一个特定油田专有的实际流量分布，不同油田的产量数据应该和井喷时受限条件下的流量情况进行比较。要考虑的很重要一点是井的产能随着时间的推移而递减，此外对大多数修井井喷而言，限流措施可显著降低井喷流量。

4）井喷污染

修井井喷都没有引起严重的污染。19 起井喷事故中有 6 次产生了轻微污染。最严重一次污染来自于一次油井井喷，$10m^3$（63bbl）凝析油流入海洋，导致海面一大片油花污染。

自从1970年1月起，全球的修井井喷事故已超过41起，仅有2起井喷被报道大面积溢油。最著名的是1977年Bravo井喷，8天的井喷中大约有20000m³（125000bbl）原油流入北海（挪威大陆架）。溢油后对其进行了溶解处理，没有导致近岸的污染。另外一次是发生在1992年的美国路易斯安那州Timbalier湾的浅水区，大约500m³（3100bbl）的原油泄漏。原油在海上扩散到近岸并造成野生动物的伤亡。

修井井喷可能造成严重的污染，但是在美国墨西哥湾和外大陆架及北海地区发生的修井井喷几乎没有引起严重的污染事故。

5）井喷导致的火灾

表8-5列出了修井井喷中的失火事故。

表8-5　修井井喷起火时间统计

阶段	未起火	立即起火 < 5min	延时起火				总计
			5 min ~ 1h	1 ~ 6h	6 ~ 24h	> 24h	
修井	14	2	—	—	—	3	19
	73.7%	10.5%	—	—	—	15.8%	100%

从表8-5中可以看出，74%的井喷事故都没有起火，有2起事故（10.5%）井喷后立即起火，1起井喷24h后起火，1起井喷36h后起火，还有1起井喷72h后起火。

井喷导致火灾的总体趋势是下降的（见35页"起火源和火灾趋势"）。

6）井喷持续时间

表8-6给出了修井井喷的持续时间。4起井喷事故通过了泵入钻井液得到了控制，另外4起因垮塌桥堵得到了控制。6起通过防喷器进行了控制。最后5起通过其他的上部机械装置得到控制。

表8-6　修井井喷持续时间统计

阶段	井喷持续时间							总计
	< 10 min	10 ~ 40 min	40min ~ 2h	2 ~ 12h	12h ~ 5d	> 5d	未知	
修井	3	2	—	1	7	3	3	19
	15.8%	10.5%	—	5.3%	36.8%	15.8%	15.8%	100%

7）人员伤亡情况

一次修井井喷中造成两名人员死亡，这起井喷事故时立刻起火。其他井喷事故中没有人员伤亡。

8）财产损失

由于缺少信息，对于不同井喷严重性难以进行一个详细的描述。表 8-7 给出了修井井喷事故严重性的概述。

表 8-7　井喷损失程度统计

等级	井喷数
轻微	14
严重	2
全毁	1
未知	2
总计	19

即使没有地面装备的损失，所有井喷也都会导致一定的经济损失。最好情况下，仅损失恢复到井喷事故发生前的状态所需的时间。

所有没有起火的修井井喷事故被归类为小事故。1 起井喷着火完全毁坏了自升式钻井平台。有 2 起井喷事故严重的毁坏了钻机，其中一起花费了 760 万美元来修复半潜式钻井平台；另一起严重的井喷事故发生数小时后，井架和生活楼倒塌，这场大火持续了好几天，平台经修理九个月后才恢复生产。

第九章 生产井井喷

生产井井喷发生在生产井或注入井中，可能发生在生产期间（生产或注水）或关井期间。

当生产井发生井喷时，至少一道一级井控措施和一道二级井控措施失守，在生产期间一、二级井控措施都是机械式井控措施（见 12 页"油井作业中的井控措施"）。因此这和钻井、修井和完井井喷的过程是不同的，在钻井、修井和完井井控中的一级井控措施通常是泥浆液柱产生的静液柱压力。

SINTEF 海上井喷数据库包含了从 1980 年 1 月—1994 年 1 月发生在美国墨西哥湾外大陆架及北海（挪威，英国）地区的 12 起生产井井喷。

这 12 起井喷中，由外力因素引起的有 6 起。在此期间美国墨西哥湾外大陆架及北海（挪威，英国）地区的其他作业阶段（钻井、完井、修井和电缆测井）没有因外力因素发生过井喷事故。剩余的 6 起生产井井喷是"正常"原因造成的。

一、外力因素引起的井喷

外部因素正常情况下只能损坏地面井控措施。发生井喷时，井筒中的井控措施通常已经失效了。因此，外力因素并不是井喷的唯一原因。典型情况是外力破坏了在役井的井口装置（采油树），而井下井控措施失效或泄漏导致井喷。

有些井喷事故还没有详细的研究过。在世界和平地区，通常发生在浅水区，因船只撞击或风暴引起井喷事故。在世界其他地区，这样的井喷是由于军事攻击引起的。在两伊战争期间，在波斯湾地区就发生了几次这样的井喷。

表 9-1 列出了由外力因素引发的井喷。

在这些井喷事故中，只有一次发生在深水中。这起井喷事故导致了阿尔法平台油气泄漏和起火。在地面设备被大火烧毁以后，有几口井因井下控制失效而开始漏油。

剩余 5 起发生在美国墨西哥湾外大陆架的浅水区。这类井喷大多都是由风暴引起的，但是记录中没有介绍。以上有 3 起井喷都是在严重的风暴之后，由飞越该区域的直升机发现。飞行员发现了水面浮油，这些浮油使他们发现了井喷。媒体报道称事故产生的中等程度的污染，而 MMS 没有保存这些井喷事故资料。

表 9-1　井喷外部因素统计

水深 (m)	工序	作业	外部因素	第一层封隔	第二层封隔	流体介质
6	气井关闭	关井	轮船碰撞	地面／井下安全阀失效（关闭压力不足）	采油树失效（油管头法兰和主阀泄漏）	气（深）
143	产油	气举	起火／爆炸	地面／井下安全阀失效，油管泄漏，设备或接头失效（五六口井失效）	采油树损坏（大火烧毁）	油、气（深）
12	产气	正常生产	轮船碰撞	地面／井下安全阀失效（或未安装）	采油树失效（撞击）	气（深）
10	产油	正常生产	风暴	地面／井下安全阀失效（可能是油管泄漏）	采油树失效（风暴损坏）	油
13	产油	正常生产	风暴	地面／井下安全阀失效（可能是油管泄漏）	采油树失效（风暴损坏）	油
10	产油	正常生产	风暴	地面／井下安全阀失效（可能是油管泄漏）	采油树失效（风暴损坏）	油

除了这 6 起井喷事故外，数据库还记载了 12 起 1940 年 1 月以后在世界范围内发生的因外力因素导致的生产井井喷事故。其中 3 起由风暴引起，2 起由起火（爆炸）引起，6 起由军事攻击引起，还有 1 起由船只撞击引起。

这 12 起井喷事故中有 3 起造成了严重的污染。1983 年在波斯湾地区由军事冲突引起过 2 起污染严重的井喷事故。1970 年在美国墨西哥湾外大陆架地区由于装备起火引发的 1 起井喷造成了严重的污染。

二、生产井井喷的原因

外部原因引起的井喷后面将不再赘述。表 9-2 列出了当生产井发生井喷时正进行的作业和活动。

由于表中列出的井喷数量较少，难以对事故发生时正在进行的作业和活动的总体趋势进行预测。有一口气井由于从油管向环空泄漏而关井一段时间后发生井喷，该事故没有归类为常规的生产井井喷。

表9-2　生产井喷时作业统计

作业＼工序	产油	产气	关气井	未知	总计
常规生产	1	3	—	1	5
判断错误	—	—	1	—	1
总计	1	3	1	1	6

表9-3列出了一、二级井控措施失守的原因。

表9-3　第一、二级封隔失效至采油井喷统计

第二级失效＼第一级失效	固井质量差	油管或环空泄漏	地面控制安全阀（安全阀）失效	总计
采油树失效	—	1	2	3
环空阀失效	—	1	—	1
井口密封失效	1	—	—	1
套管泄漏	—	1	—	1
总计	1	3	2	6

　　列表中的井由于固井质量差和井口密封层失效， $13^5/_8$in 套管和 20in 导管环空溢出了天然气、钻井液和水。浅层气被认为是引发溢流的原因。

　　在另外3起事故中，一级井控措施失守的原因是油管向环空泄漏。其中一起事故二级井控措施失守原因是采油树的失效。实际上是油管悬挂器 3/4in 测压孔发生了泄漏。环空泄压后，在测压口安装了堵头和阀门。第二起事故发生在水下井口，据资料的描述，环空安全阀的失效导致井内流体发生泄漏。压井作业后进行了修理。第三起事故据报道是因为油管向环空泄漏，井下某段套管的失效引起了地下井喷，随之引发地面塌陷式喷发。在这次事故之后平台发生了倾斜。

　　其余2起事故是由于地面控制井下安全阀（风暴阀）失效引起的。在一起事故中，工作人员无法关闭两个主阀，气体通过针形阀泄漏。最后通过压井液压井得到控制。在另一起事故中，工作人员花费了 36h 才把底部主阀关闭。

三、生产井井喷特征

1．井喷流动通道和释放点

表9-4列出了生产井井喷时的最终流动通道和释放点。

表9-4　生产井井喷时的最终流动通道和释放点

释放位置 \ 液流通道	油管通道	环空通道	环空外部通道	套管外部通道	总计
井口	1	1	1	—	3
采油树	1	—	—	—	1
水下焊缝	—	—	—	1	1
水下采油数	—	1	—	—	1
总计	2	2	1	1	6

6起井喷中5起发生在井口装置（采油树）部位。最后1起井喷是套管失效后导致水下井喷并引起海床坍塌下陷。

2．井喷流体

列出的6起井喷事故中有5次流体介质是天然气，其中有一次是浅层气引起的。剩余1次井喷流体是天然气和原油的混相。

3．井喷污染

6起井喷事故中有1次引起了小污染，其他的没有引起污染。

除了以上列出的6起井喷事故，数据库中还记录了1970年1月以后全球发生的11起生产井井喷事故（不包含外力因素造成的井喷事故）。在这些井喷事故中，有2起引起了大的污染，1起于1973年发生在特立尼达岛，另1起于1989年发生在里海。

4．井喷导致的火灾

以上6起井喷事故没有发生火灾。

5．井喷持续时间

表9-5给出了生产井井喷的持续时间。

生产井井喷的持续时间相对较长。有2起井喷持续了一天，1起持续了一天半，1起持续了两天，另1起持续了三天。

表 9-5   生产井喷持续时间统计

阶段	井喷持续时间							总计
	< 10min	10 ~ 40 min	40min ~ 2h	2 ~ 12h	12h ~ 5d	> 5d	未知	
生产	—	—	—	—	5	—	1	6
	—	—	—	—	83.3%	—	16.7%	100%

6．人员伤亡情况

生产井井喷事故中没有发生人员伤亡。

7．财产损失

列出的井喷中仅有 1 起由于地面装备严重毁坏引起了海床塌和平台的倾斜。作业者事后得到了 2.2 亿美元的保险赔偿。其他事故没有地面装备损失的报道。然而，这些事故会导致停产，这会带来很大经济损失。

第十章　钢丝作业井喷

钢丝作业井喷是指生产井或注入井在钢丝作业期间发生的井喷。在修井、钻井和完井过程中也经常进行钢丝作业，但发生在这些过程的井喷不归类为钢丝作业井喷。

在钢丝作业过程中，位于采油树顶部的防喷盒、防喷管或者钢丝作业防喷器通常是一级井控措施。如果这些井控措施失守，则在丢弃或切断钢丝后关闭采油树以实施井控。

SINTEF 海上井喷数据库包含了 1980 年 1 月—1994 年 1 月发生在美国墨西哥湾外大陆架及北海（挪威和英国）地区的 3 起钢丝作业井喷事故。我们有理由相信在钢丝作业过程中发生过几起小的井喷或气体泄漏，但是没有任何这方面的公开报道和文献资料。

所有的钢丝作业井喷引起的损失都很小或没有。然而，这些数据来源的质量非常差。

一、钢丝作业井喷的原因

表 10-1 列出了在钢丝作业井喷发生时的作业和活动。

表 10-1　测试井井喷时钢丝作业工序统计

作业＼工序	操作
上提	1
下放	2
总计	3

由于表中列出的井喷数量较少，在事故发生时进行的作业和活动的总体趋势不能被准确预测。

表 10-2 列出了一、二级井控措施失守的原因。

表中列出的 2 起钢丝作业井喷中，钢丝作业防喷管失效导致了一级井控措施失守，采油树失效导致了二级井控措施失守。1 起事故发生在甩钢丝上提堵塞器时，堵塞器松动并掉入井中，然后卡在采油树中，使得采油树上的主阀无法关闭。在井喷事故案例描述中没有提到钢丝作业防喷管，但使用这种设备是强制性要求[15]。因此，推断钢丝作业防喷管失效，该井通过翼阀泵入压井液压井成功。第 2 起事故是由钢丝作业高压防喷管接头破裂引起的。在事故中没有提到采油树，然而，实际情况很可能是作业人员无法关闭采油树主阀，这可能因为主阀不能切断钢丝，也可能因为主阀本来就无法关闭。

表 10-2　第一、二级封隔失效至测试井井喷统计

第一级失效 第二级失效	电润滑器失效	地面控制安全阀失效	总计
采油树失效	2	—	2
未安装电润滑器	—	1	1
总计	2	1	3

有 1 起因地面控制井下安全阀作为一级井控措施失守而导致的井喷事故，事故发生时采油树主阀正用作承托待下井的气举阀。主阀被错误操作打开，气举阀落在地面控制井下安全阀上并使其损坏。关闭主阀大约用时一分钟，在此之前碎片喷出井外导致两名工人受伤。

二、钢丝作业井喷特点

1．井喷流动通道和释放点

钢丝作业井喷大多都是通过油管喷出的，泄漏点在采油树之上。有 1 起这种井喷被记录下来。另 1 起事故的井喷流动通道和释放点没有任何记录，但很可能和上面提到的一样。

2．井喷流体

2 起钢丝作业井喷的流体是天然气，其余 1 起井喷流体是原油。

3．井喷污染

没有钢丝作业井喷造成污染。自 1970 年 1 月以来，除了上述 3 起井喷外，数据库中还列出了 3 起发生在其他地方的钢丝作业井喷。在这 3 起井喷事故中，有 1 起造成了相当大的污染，这起事故发生在 1970 年的美国墨西哥湾外大陆架，这起井喷导致了其他 10 口井发生井喷。共有大约 10000 m³ 的原油泄漏到海洋中。

4．井喷导致的火灾

1980 年 1 月—1994 年 1 月，发生在美国墨西哥湾外大陆架和北海钢丝作业

没有发生起火事故。

5．井喷持续时间

表 10-3 给出了钢丝作业井喷的持续时间。

表 10-3　测试井井喷持续时间统计

阶段	井喷持续时间							总计
	< 10min	10 ~ 40 min	40min ~ 2h	2 ~ 12h	12h ~ 5d	> 5d	未知	
测试	—	1	—	1	1	—	—	3
	—	33.3%	—	33.3%	33.3%	—	—	100%

6．财产损失

钢丝作业井喷均没有造成严重的地面装备损失。

第十一章　美国墨西哥湾外大陆架和北海地区的井喷发生概率

一、简介

井喷发生概率是海洋石油广泛应用于定量风险分析的重要输入数据。井喷概率估算通常基于美国墨西哥湾外大陆架和北海地区的井喷数据。美国墨西哥湾外大陆架发生井喷和爆炸的事故多于北海地区。一些风险评价人员倾向于把这两个地区的数据当做一个数据集合来处理。因此，井喷概率分析结果更接近美国墨西哥湾外大陆架油田的实际情况，而另外一些风险分析人员则倾向于用美国墨西哥湾外大陆架和北海地区的数据的平均值。总体而言，美国墨西哥湾外大陆架的井喷概率要比北海地区高。

这些处理方法虽不能说是错误的，但使用不同的方法来估计井喷概率使得不同的分析之间的比较工作变得困难。另外，这将导致某些设施为了达到可接受的风险等级而采取了降低风险的措施，而其他类似的设施并不这样做。

这一章主要关注美国墨西哥湾外大陆架和北海地区井喷发生概率的不同。进而，建议将井喷发生概率的基础数据作为美国墨西哥湾外大陆架和北海地区的风险分析的输入数据。

二、井喷概率计算

在数据集合中，没有发现一种明显的变化趋向，井喷概率可以通过计算得出。当计算井喷概率时，模型中假设在一定的时期内发生的所有井喷的时间间隔是均匀分布的，井喷概率设为 λ [38]。井喷概率可以由以下公式得到：

$$\hat{\lambda} = \frac{井喷数}{累计操作时间} = \frac{n}{s}$$

钻井井数被用作钻井井喷的累计作业时间。当计算完井的井喷概率时，完井井数被用作累计作业时间。对生产井井喷，总的生产时间被用作累计作业时间。修井井喷概率既可以根据总的生产时间来计算，也可以根据总的修井数目大致计算得出。这同样适用于钢丝作业井喷的计算，可以把总的生产时间或钢丝作业井喷次数的粗略估计值作为累计作业时间。

λ 在计算过程中的不确定性可由 90% 置信区间来评价：

如果井喷发生的数量 $n > 0$，90% 的置信区间计算公式为：

下限： $\lambda_L = \dfrac{1}{2s} \chi_{0.95,2n}$

上限： $\lambda_H = \dfrac{1}{2s} \chi_{0.05,2(n+1)}$

如果井喷发生的数量 $n=0$，90% 的置信区间（单侧）计算公式为：

下限： $\lambda_L = 0$

上限： $\lambda_H = \dfrac{1}{2s} \chi_{0.10,2}$

式中：χ_e，z 表示 z 个自由度下 100% 的 e 上限按平方分布的百分比下降点 [38]。

这里 90% 的置信区间的意义指井喷概率在这个区间内发生的可能性为 90%，或者说井喷概率在置信区间之外的可能性为 10%。

三、钻井井喷

图 11-1 给出了在 90% 的置信区间内美国墨西哥湾外大陆架和北海地区的各种钻井井喷的概率。

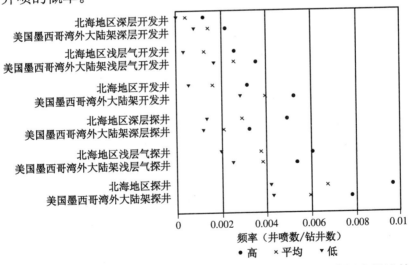

图 11-1   美国墨西哥湾外大陆架和北海地区的钻井井喷概率的比较，
90% 的单侧置信区间

从图 11-1 中可以看出，北海地区平均钻井井喷概率和美国墨西哥湾外大陆架不同。这些不同之处的统计显著性已经通过了 Hoyland 介绍的通用评价程序的验证 [37]。

验证结果表明，美国墨西哥湾外大陆架和北海地区的开发井钻井井喷概率显著不同。而在勘探钻井中，两地区的井喷概率并没有明显的不同。

当进行与北海地区油田设施相关的风险分析时，美国墨西哥湾外大陆架和北海地区的开发井钻井井喷概率的差别应加以考虑。这种情况下，总的井喷概率将不适用，因为总的井喷概率作为输入数据要比实际情况高很多。

在北海地区，钻井井喷相对较少，这增加了井喷概率估算的不确定性。因此不推荐只采用北海地区的井喷概率。

考虑到统计的不确定性，同时也确信北海地区较低的平均钻井井喷概率，推荐在对北海地区钻井井喷进行综合的风险分析时，采用美国墨西哥湾外大陆架和北海地区的平均钻井井喷概率作为输入数据；同时在对美国墨西哥湾外大陆架钻井井喷的风险分析中，使用美国墨西哥湾外大陆架的钻井井喷概率作为输入数据（表11-1）。

四、修井井喷

图11-2给出了在90%的置信区间内美国墨西哥湾外大陆架和北海地区的修井井喷概率。

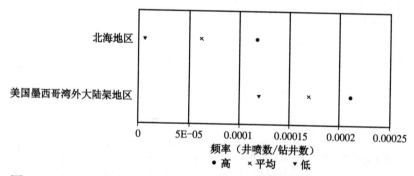

图 11-2　美国墨西哥湾外大陆架和北海地区的修井井喷概率比较，90% 的单侧置信区间

美国墨西哥湾外大陆架和北海地区的修井井喷概率有很大的不同，而且图11-2的置信区间内没有重叠区域。

当分析这两个数据集合时，我们发现它们的差别较为显著。需要着重指出的是，在油（气）井单位生产时间内，美国墨西哥湾外大陆架比北海地区有更多的修井作业。这是由于美国墨西哥湾外大陆架的井比北海地区更老，有更多的修井需求。还值得注意的是，北海地区的井喷概率只依据一起井喷事故。美国墨西哥湾外大陆架的修井井喷概率大约比北海地区高出三倍。

随着北海地区生产井平均服役时间的增加，修井需求也随之增加，这同样也增加了油（气）井单位生产时间内修井井喷的可能性。

当使用修井井喷概率作为风险分析的输入数据时，井喷概率通常被认为是修井井喷的次数与总修井井数的比值。计划要修井的数量可根据当地的实际情况被估算。除非有确定的地点和确定的年份，否则额外的修井数不予考虑。因此，当使用修井井喷数据当做风险分析的输入数据的时，常通过单位油井·年内的修井次数来估算每次修井的井喷发生次数。

根据 SINTEF"地面控制井下安全阀的可靠性，第 3 节"的研究，在 7790 油井·年中共有 498 次修井作业[48]。这个数据主要是根据 1985—1989 年间北海油井统计得到。它给出的生产井修井频率平均值为 15.6 油井·年 / 次。

这个数值可能太高了，因为有很多"新"井的数据包括在内。

PND 年鉴列出了 1980—1983 年间北海地区修井数量和生产井数量。共有 88 次修井作业和 731 个油井·年，平均修井频率为 8.3 油井·年 / 次。

通常假设，总修井次数可以用油井·年总数除以 6 ~ 12 之间的一个数值来标识。上述的修井次数是根据北海地区的统计得到的，而美国墨西哥湾外大陆架的修井频率比北海地区高，因此用一个更接近 6 而不是 12 的数似乎更加合理。由于缺少 1980—1994 年美国墨西哥湾外大陆架和北海地区总修井次数的信息，无法给出确切的修井频率值，比如，无法断定采用 7 油井·年 / 次比采用 10 油井·年 / 次的修井频率更为稳妥。

井喷概率的正确性是很重要的。而确保不同的分析人员采用一致的井喷概率作为风险分析的输入数据更为重要。因此，建议采用以下做法作为风险分析的基础——对北海地区修井井喷中油田设施的总风险分析中，采用美国墨西哥湾外大陆架和北海地区的平均井喷概率（修井井喷数 / 油井·年数量）作为输入数据。在美国墨西哥湾外大陆架的风险分析中，只用美国墨西哥湾外大陆架的井喷概率作为输入数据。而且，在参考数据中假设平均每 8 个油井·年修井一次（表 11-1）。

五、生产井井喷

在美国墨西哥湾外大陆架和北海地区的井喷数据库中，生产井井喷相对比较少（不考虑外部原因）。发生的 6 起生产井井喷中，有 1 起发生在北海地区。

图 11-3 给出了在 90% 的置信区间内美国墨西哥湾外大陆架和北海地区的生产井井喷概率。

对于生产井井喷，北海地区的平均概率比美国墨西哥湾外大陆架高。然而，北海地区只有少数几起井喷，置信区间较大，以至于美国墨西哥湾外大陆架的置信区间被北海地区的覆盖了。

为了得到数据统计上的差异而分析了生产井井喷数据集合，但没有发现明显的差异。

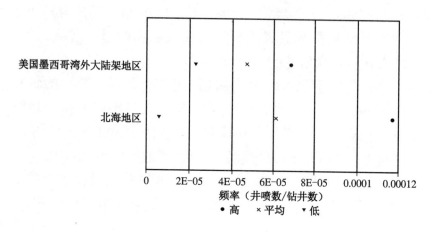

图 11-3 美国墨西哥湾外大陆架和北海地区的生产井井喷概率比较，
90% 的单侧置信区间

生产井井喷的公开数据按油井·年的数量来定义。

建议采用以下做法作为风险分析的基础——在北海地区生产井井喷的风险分析中，我们采用美国墨西哥湾外大陆架和北海地区的平均井喷概率（生产井井喷数量／油井·年数量）作为基本的输入数据。在美国墨西哥湾外大陆架生产井井喷的风险分析中只用美国墨西哥湾外大陆架的井喷概率作为输入数据（表 11-1）。

表 11-1 北海风险分析使用的基础井喷频率数据

阶段		< 10min	10 ~ 40min	40min ~ 2h	2 ~ 12h	12h ~ 5d	> 5d	未知	总计
探井钻进	浅层气	—	2	2	5	9	6	5	29
	"深"	1	1	1	2	7	2	4	18
开发井钻进	浅层气	3	1	4	2	6	2	5	23
	"深"	1	—	—	3	4	3	1	12
修井		3	—	—	—	4	2	—	7
生产		—	2	—	1	7	3	3	19
完井		—	—	—	—	5	—	1	6

阶段	< 10min	10 ~ 40min	40min ~ 2h	2 ~ 12h	12h ~ 5d	> 5d	未知	总计
钢丝作业	—	1	—	1	1	—	—	3
总计	9	7	7	14	43	18	19	117
	7.7%	6.0%	6.0%	12.0%	36.8%	15.4%	16.2%	100%

六、钢丝作业井喷

在美国墨西哥湾外大陆架和北海地区的井喷数据库中，钢丝作业井喷很少，仅有的 3 起钢丝作业井喷均发生在美国墨西哥湾外大陆架地区。

对于钢丝作业井喷而言，与钢丝作业次数相关的统计数据非常少。

为了确定钢丝作业公开数据，采用了 EKOFISK 油田 1992 年的数据。1992年，135 口在役井（生产和注入井）共进行了 220 次钢丝作业。假定平均每次钢丝作业包含 2.5 次起下作业，则 135 口井大约要进行 550 次钢丝作业。其平均值为：每个油井·年发生 4.2 次钢丝起下作业或 1.7 次钢丝作业。

值得注意的是，EKOFISK 油气田回收地面控制井下安全阀主要采用钢丝作业，而不是用油管回收。而后者是目前作业者在新井投产前的完井过程中更倾向使用的方法。

还要注意的是，钢丝作业过程中可能会有很多微型的井喷（少量气体泄漏）发生，但从不被记录为井喷。

建议采用以下做法作为风险分析的基础——在北海地区井喷风险分析中，采用美国墨西哥湾外大陆架和北海地区的平均井喷概率（生产井井喷数量／油井·年数量，钢丝作业井喷数量／油井·年数量）作为基本的输入数据。在美国墨西哥湾外大陆架，该类井喷的风险分析中只用美国墨西哥湾外大陆架的井喷概率作为输入数据。

七、完井井喷

完井井喷概率的趋势

7 起完井井喷中，1 起发生在 1980 年，5 起发生在 1981 年，还有 1 起发生在 1987 年。这表明了完井井喷概率的趋势，即目前的完井井喷概率要比平均井喷概率值低。但是勘探钻井、开发井钻井和修井井喷概率的总体趋势还不能确定（第 5 章、第 6 章、第 8 章）。

同时也研究了完井井喷的趋势，用三种不同的统计方法对完井井喷和累计完井数进行了趋势分析。 Laplace 测试和 MIL−HDBK 测试都表明完井井喷概率整体呈下降趋势[38]。

完井井喷概率与时间的函数关系可以由下面的公式表达：

指数模型：$\alpha\beta t^{(\beta-1)}$

其中：

$\alpha = 0.09630$，$\beta = 0.47571$

线形对数模型：$EXP(\alpha+\beta t)$

其中：

$\alpha = -5.22387$，$\beta = -0.00077$

t 代表了累计完井井数，参数 α 和 β 采用最大似然法则进行估算。图 11—4 分别给出了根据指数模型和线性对数模型得出的 1−8500 口完井井数的井喷概率。

8185 口井的总井数用来估算 1993—1994 年度的井喷概率水平，根据两种不同的预测模型得出了 1993—1994 年度的井喷概率：

对数模型：每次完井作业井喷概率为 0.00001；

指数模型：每次完井作业井喷概率为 0.00041。

对数模型似乎给出了一个 1993—1994 年度不实际的偏低的井喷概率。指数模型与实际井喷数据吻合得也不是太好，可能会得出一个比较保守的结果。

作为风险分析的输入数据，通常选择这两种计算结果中间的某一个井喷概率值。建议使用两个井喷概率的平均值（0.00021 次井喷／次完井）作为风险分析的输入数据（表 11−1）。

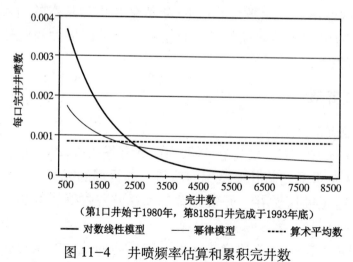

（第1口井始于1980年，第8185口井完成于1993年底）

图 11−4　井喷频率估算和累积完井数

八、风险分析中的井喷概率

上文中讲述了当估算基本井喷概率作为风险分析的输入数据时，应该注意的几个方面：建议美国墨西哥湾外大陆架的风险评估应基于美国墨西哥湾外大陆架的井喷概率；北海地区井喷发生概率相对较少，因此北海地区风险评估应该基于北海和美国墨西哥湾外大陆架两个地区的井喷概率，建议使用美国墨西哥湾外大陆架和北海地区的平均井喷概率作为北海地区风险评估的输入数据。表 11-1 给出的井喷概率可以作为美国墨西哥湾外大陆架和北海地区的风险分析中的基本输入数据使用。

表中推荐的井喷概率基于作者对井喷数据的评价和分析，不代表 SINTEF 的官方观点。

名 词 解 释

名词解释部分是给不熟悉海上作业的读者提供指导的。需要指出的是，它只是和本书的词条相关，并不是一篇石油领域的通用名词解释。大多数的词条来自于 MACLACHLAN，M. 的一本介绍海洋钻井的书。它包含了有关海洋钻井作业的比较完整的名词术语 [46]。

环空漏失：见循环漏失。

环形防喷器：防喷器组中的一个组块，它可以封隔不规则形状的物件，如钻杆可以通过它。它也可以关闭井眼，它是通过液压装置强性推动橡胶或类似的封隔元件进行密封的。

环空：井眼与任何钻具之间的空间。在钻井过程中，循环液流进钻杆和环空之间，或者当井下入套管流进钻井管和套管之间。在套管固节作业中，水泥浆从套管底部被泵送到套管和井筒之间的环空。

评价井：在发现井之后所钻的井，用于了解油气田的圈闭范围，在本书中评价井被视作探井。

重晶石： 硫酸钡，一种用来增加钻井液相对密度的矿物质。它的相对密度大约是 4.2，即重晶石是水的密度的 4.2 倍。固体粉末状的重晶石通过供应船送上钻台，在特殊的储罐里保存，根据需要与水或者油或者其他添加物混合生成钻井液。

钻头：钻井用的切岩装置。旋转式钻头被装在钻柱底部，随钻柱机械转动，它有多个喷嘴，通过喷嘴循环液以高速排出。不同的岩层使用各种不同的钻头，每种类型都有不同的尺寸。

剪切盲板防喷器：防止井喷的闸板装置，可以切断井中的管子及封闭井筒。

井喷：从井底流出并在井口或井筒失去控制的流体流动。在没有特别定义的情况下，井口阀可以控制的流体流动并不认为是井喷。如果井口控制阀失控，其流体流出就被定义为井喷。

防喷器：一种用来控制地层压力的装置，其主要功能是关闭井眼中钻杆环空或空井以达到控制目的。另外一种类型的防喷器可以切断钻杆通路。不同类型的防喷器组合在一起形成防喷器组。

底部钻具组合：安装在钻柱的底部，用来增加钻柱的质量同时使钻杆处于拉伸状态。另外，对钻头来说，底部钻具组合包括钻铤、扶正器、扩眼器、加重钻杆和其他的一些配套的工具。

桥堵（井底）：通常是由井壁坍塌物或大的鹅卵石形成的障碍物。

套管井眼：下了套管的井眼。

套管：在钻井的时候，在井眼里下一层金属管子，用来防止井壁坍塌，并为钻井液提供一条通道，如果是生产井，则为油气提供一条通道。

扶正器：安装在套管柱上的扶正装置，使用扶正器除了能使套管柱在井眼居中以外，还可以降低下套时的阻力，避免黏卡套管，有利于提高固井质量。

阻流、压井管汇：由一系列管汇、阀门和阻流阀组合起来的装置，安装在平台上紧急时用来控制地层压力侵入而发生的井喷溢流事故。

节流管线：与防喷器组相连，用来从环空引导和控制井底流体的管线。在半潜式或深水钻井船上，节流管线沿立管至阻流阀，压井管汇布置在钻台上。

采油树：钻完井后，安装在井口，用来控制油管油气流动，由阀门、管道、接头配件组成的高压系统。

导管：由浮式钻井装置下入，用来保持井口通畅、不坍塌的一小段大直径套管。它还是往海底管道输送钻井液的井口装置的底座。钻深井时可能有两个导管：一个 30in 的外导管和一个 20in 的内导管。

岩心：用取心钻头从井底取出来的用来测试分析的岩石样品。

塌陷：向内塌陷。在剧烈井喷时，井眼周围将会形成一股由泥浆、气、原油和水组成的强大液流冲向海床，这可导致钻井设备倒塌和下沉。

变扣接头：一种带有不同直径的螺纹套的管式工具，用来连接两根不同规格的管柱。

井架：安装在钻井平台上高塔，用来提升钻柱和其他管子进入井筒，钻塔通常可以移动，称为搬迁式钻塔，在很多地方都使用搬迁式钻塔。一个半潜式平台钻塔大概 49m 高，底部 40ft 见方。

开发井：为开发油气藏而钻的井。它通常在一个固定平台上钻井。

测斜：在井眼中下入测量装置用来测量井斜、方位等参数。这些测量通常还包括地磁测量或套管内的陀螺仪测斜。

定向井：由于一个或多个原因，沿着预先设计的井眼轨迹，按既定的方向偏离井口垂线一定距离钻达目标的井。

导流器：装在隔水管顶部的一个 T 形管，用来关闭垂直通道，并引导钻井液从钻机平台与外部分开。

井底动力钻具：装在井下钻具底部将泥浆水功率转换成驱动钻头旋转扭矩

的工具，有时叫做井下马达或涡轮钻具。

绞车：安装在钻台上的大的卷轴，用来控制提升运动，并且大绳的快绳部分也缠绕在它上面。

钻铤：具有一定长度的钢管，比钻杆重很多，经常放置在钻具组合的下部钻头之上，目的是增加钻压和强化井下组合。非磁性钻铤，有时候也叫做蒙乃尔合金钻铤，这种钻铤是在需要磁性测量工具下井工作时使用。

钻台：位于井架下方的平台，在它中间是用来进行钻井操作控制的转盘。

钻杆：连接组成钻柱的基本部分，通常是钢质的，下部钻具组合与之相接，钻头与底部钻具组合相连接。

钻杆串：由钻杆组成的钻杆串，在钻具组合中上接方钻杆下连底部钻具组合。

钻杆中途测试：这个测试通常要花费几天的时间，目的是为了探明在目前钻穿的地层中是否有具备商业开采价值的油气储集层的存在。在测试过后，也可继续钻探更深地层，或者完井或者封井并弃井，采取什么措施取决于测试后的结果。

钻柱：包括钻杆串和其他钻具在内的组合，它上接方钻杆下连钻头。

钻进放空：当钻头进入地层比较柔软或者达裂缝区间的时候，钻头渗入程度的忽然增加，这可能是井喷的提前预警。

钻井液：循环到井底又返回到井口的流体，它的作用包括平衡地层压力，回收钻屑，润滑和冷却钻头，在井壁上形成泥饼，提供井筒内数据传输路径。尽管钻井液的介质也包括空气、其他气体或泡沫，但通常我们称之为泥浆。

海上钻机：在近海术语中，指用来钻井的船舶、机械和设备。严格地讲，这只是指在甲板上钻机设备。平台指钻机所在的钻井船、平台、船舶或其他相关设施。

吊卡：一种闭锁装置，通过两个长的连杆连接在吊钩、游动系统组件上，当起下钻柱的时候放在钻杆顶端。套管、钻杆、钻铤和油管所用的吊卡各不相同。

探井：为了探明新的油气储藏而钻探的井。它可以在全新的地区进行钻探，在这种情况下它被认为是野猫井，或者它可以用来在现有的油田发现新的生产层，在本书中，评价井也被认为是探井。

气顶：在生产层的油气层上部的游离气。

气侵泥浆：包含地层天然气气泡的泥浆，泥浆的特性会发生变化。气体可以在气液分离器中被提取出来。

进入井眼：把钻井仪设备放进井眼。

导向基座：在海上一个重的钢做的框架，它指引工具进入井眼，作用像井口装置，防喷器等工具工作的基底。暂时导向基座在固定导向基座前使用。

黏泥：一种黏性比较强的黏土，在某些地区钻进过程中有时遇到，这种黏泥易引起钻具泥包。

坐挂：用特殊工具把钻柱座放在井口装置内的操作，并可以释放下部立管脱离防喷器组，这样钻机可以迅速离位。这是一个应急措施。

扩眼器：一个大直径的钻头用来在海底钻原始井眼。有些情况下，钻井液循环的压力使旋转切割臂向外张开，因此，在钻进过程中增加了钻头的直径。

静压头：由一管柱液体的重力产生的压力，与液柱高度有关。

导管架：一个安装在海底用管材做成的用来支撑平台的钢结构，生产平台导管架通常是被拖到指定地点，被沉降到位。

自升式钻井平台：一个可自己升降的移动式海上钻井平台。

单根：单根钻杆或者其他管状物。

方钻杆：长钢管，其横截面通常为六方形，也有时是四方形，方钻杆位于钻杆柱最高端，上接水龙头，它为钻具传递来自转盘的扭矩并可以垂直运动，允许钻头逐渐下放，它是中空的，使钻井液可以循环，它两端分别为内、外螺纹，通常有 12.2m，14.0m 和 16.5m 这几种规格。

方钻杆补心：一个滑动的装置，通过它方钻杆被紧密安装在方补心上，转盘上的旋转扭矩可以被传送到方钻杆上，同时方钻杆可以上下自由移动。

方钻杆阀：一个安置在水龙头和方钻杆之间，必要时用来释放水龙头和水龙带之间的液体压力的阀，它也被叫做方钻杆旋塞。

溢流：不期望的地层液体流入井筒。

压井管线：一个高压力的管线，连接在防喷器上，通过它高密度的钻井液可以被泵入井里用来压井。在一个半潜式平台或者钻井船上，压井管线布置在隔水管边。

循环漏失：大量的钻井液流入地层，产生的原因可能是钻遇溶洞、裂缝或者发生渗漏，它可以通过上返钻井液的减少来判断及泵入堵漏材料来制止。

水下导管组合：是包含挠性连接或者滚珠连接，一个环形防喷器、液压蓄能器、一段隔水管和隔水管伸缩接头的集成装置，所有这些部件都可以在紧急状况下从防喷器组基座上脱离，以使钻井船安全离开。

隔水管：在半潜式平台或者钻井船上连接防喷器和钻台的一个大直径的管子，通过它钻具送入井眼并且钻井液通过它从井眼里上返。

随钻测井：一种通过安装在底部钻具组合上的传感器测量井底基本信息的

技术，信息接着被送到测量仪器里，一些数据通过泥浆用脉冲遥测的方法显示出来。这要求回转式钻机只停很短一段时间，如果使用井底马达，钻井不必中途停止。这经常用来在定向钻井中测量方位角和井斜角。

磨铣头：一种特殊的工具，有一个粗糙的、锐利的、并且非常坚硬的切头，用来铣削。铣削有各种不同的形状，但都被安装在钻柱的尾部，或者和钻井柱联合起来，就像一个扩孔器。

磨铣：将磨铣工具下入井里，侧钻时将部分套管铣掉，或磨掉井中缩径部分。

月池：在半潜式平台甲板上或者钻探船的内部有敞开的空洞，通过它可以直接看到水面，水下设备通过它下入。月池通常用来描述围绕在井口甲板的空洞周围的空间。小的月池也可以被用来下放潜水装置。

泥浆：在井眼与钻机循环系统中循环的液态钻井流体。

封隔器：一个环形的封隔装置，可以下放到套管、尾管或者裸眼井里，使它的柔性环状部分周向膨胀，从而达到封隔井眼段的目的（例如，用于试井作业），不同设计结构的封隔器作业用途不同。封隔器的本体通常有孔，方便循环钻井液或者下入电缆工具，它通常有内、外螺纹以便于连接其他工具。

渗透性：碳氢化合物穿过岩石孔隙的能力。

外螺纹连接：当钻进通过大直径导管的时候，用来将隔水管连接到井口装置上的压力密封装置。

泥浆池：在钻井泵将钻井液泵入井内之前，用来储存钻井液的大的容器。它通常被安置在钻井泵附近。

平台：此名称有时候是用来描述竖着井架的移动钻井单元，也常用来描述海上独立的固定生产平台。

堵头：一个装在已钻的井眼里去堵塞液体流动的装置，它可以是橡胶的、水泥的或者其他材料的，当不再需要时，有些可以被钻穿或者回收。

闸板：在防喷器装置里的一个可以关闭并密封的装置，当有井喷威胁的时候，它被液压驱动，并能被锁死。

扩孔器：一种井下工具，有时包括在底部钻具组合内，外观像相对较短而细并装有刀片的钻铤。它用来修井壁或扩井眼，扶正钻头，再产生狗腿的井眼段矫直井眼，也可用于定向钻井。如果它的刀片是旋转的，则也称之为牙轮扩孔器。

反循环：指正常循环方向相反的方向进行钻井液循环（例如，从钻杆与井眼之间的环空泵入钻井液，从钻杆中间返出）。有时这种操作被用来减轻井眼内出现的问题。

钻机：严格地讲，指安装在平台（半潜式平台，钻井船）上的井架和钻井设备，在实际生产中，通常整个钻井单元本身被看做钻机。

钻台：钻井平台的一替换名词。

导管：连接钻机或者平台到海床上的管，导管用于生产井和钻井过程中。

转盘补心：钢制环形物，杯状衬里，被安装在一个转盘上，在钻进的时候，方钻杆补心被插入。当方钻杆补心移开的时候，卡瓦可以楔入转盘补心和钻杆之间，并通过转盘下入，也称其为方补心。

旋转钻井：在上部加一定钻压的旋转钻头钻进，是海上钻井的常用方法。它的旋转驱动方式可以是转盘驱动、顶部驱动或者是井下钻井马达驱动。

转盘：在甲板下方的一个机械装置，位于钻台中间，驱动方钻杆并带动钻柱和钻头旋转，所有的井下工具、套管等都是通过开启转盘下入的。

卫星井：靠移动钻井船独立在平台之外所钻的井，它以生产为目的，它通过海底管连接在平台上。大多数平台井是直接从平台上钻的定向井。

半潜式平台：一种海上船只，通过对网格舱里注水，可以控制船体吃水，以使船体达到一种普通单体船无法达到的稳定性，或者达到其他目的。例如，通过这种方式使其他船体浮上此船的甲板。在某些情况下其外壳被设计直接座在海床上，但是在大多数情况下半潜式钻井平台是漂浮的。

泥岩：一种岩石，在海洋钻井中经常钻遇，包含小的粉沙与泥土颗粒。

泥浆振动筛：一种震动的过滤网，从井眼里返回的泥浆通过它过滤后液体部分返回泥浆池，在通过振动筛时，泥浆的液体部分和沉积固体颗粒被分开。

侧钻：在井眼中，用来使钻头转向，以越过障碍，例如卡钻点，这个用在定向井技术和其他工具，例如造斜器。

伸缩接头：一个可伸缩的短节，插在隔水管顶部，用以减轻因海浪而产生的钻井设备垂直升降运动所引起的震动。

卡瓦：外部成锥形的钢质楔子，嵌入转盘的内孔和钻具接头之间以临时夹紧钻具（例如，当因接钻杆而暂时把钻具同绞车分开时，就需要暂时用卡瓦把钻具卡住），楔子被铰接在一起，从而更有效地在管子的周围卡住钻具，钻柱、钻铤、和套管都有各自的卡瓦与之配套。

水泥浆：一种半液体的水泥粉剂和水的胶合物的混合物，它被泵入套管和井壁之间的环形空间里，用来固定套管。

开钻：用钻头和扩眼器等开始钻井。

接单根：把一根钻杆的外螺纹端插入另外一根钻杆的内螺纹端中。

扶正器：一种下井工具，常用来加强底部钻具组合，以保持钻头在井眼中心位置。它看上去像一个有短肋片的钻铤，它的肋片紧贴井壁，在定向井钻井中，一个或多个扶正器被用作钻具转向的支点。

防喷器组：这个名称常用来表示海洋钻井中的防喷器组。

立根：用钻杆接头连在一起的三个或者两个钻杆叫立根，立根可以使在钻台上操作钻杆更加简单和快捷。

立管：井架一边的一个长的刚性管子，它从钻井泵提取钻井液，把它灌进软管，这个软管上端连接在水龙头上。

安全阀：安全阀是指控制流体的井下安全阀，也可以叫做地面控制井下安全阀。

坐底式平台：一种钻井平台，它可以浮动到目标地后下沉，它的底部支撑到海床上。

地面控制井下安全阀：地面控制井下安全阀安放在生产管柱上，这个装置被用来在井口采油树控制阀失控的情况下关井。这个阀是地面控制的，它是井下安全阀的一种。井下安全阀不是一定使用地面控制，也有通过流体控制的。通过流体控制的井下安全阀通常称为阻流阀。

抽汲：抽汲能在井筒中产生吸取行为，这种行为可使液体从地层中流出，产生井涌。产生抽汲的原因通常是上提钻具过快造成的。

钻井水龙头：是悬挂在游车下方的大钩上，可以随着方钻杆自由旋转，同时可允许钻井液从水龙带流入的装置。

工具接头：特殊钢管制成的短节，焊接在每个钻杆的尾部。用它使各钻杆相连，以及作为提升连接。在接头上有台肩，吊卡通过卡住台肩来实现提升钻具。

顶部驱动：钻井水龙头的一种，通过电力或液压驱动实现旋转来替代传统的转盘、方补心、方钻杆和循环水龙头。

游动滑车：一个下部的、活动的绞车区块，它靠钻绳悬挂在上部或者天车上。

起下钻：将钻具下入井内或提出井外的操作。

油管：生产油气时下在套管内作为油气通道的小直径管。

套管下扩孔器：一种在其尾部轴线处装有牙轮钻头的井下工具，它可以用自身的边沿扩充原来就存在的井眼，提供额外清洗作业，以便下套管作业时获得足够的固井环形空间。

候凝时间：浇注水泥完毕到水泥凝固的几个小时时间，这段时间没有井下作业。

磨铣：通过流体压力清洗金属物件，比如钻井的管接头或者阀门，清洗钻具接头可能导致其泄漏。

完井：钻井达到目的深度以后的最后阶段的工序（比如当井已经被安装上生产设备）。

井口装置：一个圆柱形的装置，靠一个浮体安装在井眼的顶部，在这个装置中套管悬挂器被安装和封闭好。在钻井时以及后来的生产中和井控装置连接着。防喷器和采油树都和它相连接。

野猫井：一个在未探明地区的勘探井，远离已经存在的生产井。

电缆：一条长长的细缆线，绕在钻机的轮毂上，用于测井和维护井下设备。

修井作业：使用钻机在已完井的井中进行恢复产能或提高产能的作业。

单位换算表

1 mile=1.609km

1 ft=30.48cm

1 in=25.4mm

1 acre=4047m^2

1 ft^2=0.093m^2

1 in^2=6.45cm^2

1 lb=453.59g

1 bbl=0.16m^3

1 atm=101.33kPa

1 psi=6.89kPa

1 bar=10^{5}Pa

1 hp=745.7W

简 写 列 表

2D	二维地震
3D	三维地震
API	美国石油学会
BOP	防喷器
CARA	利用电子计算机进行可靠性分析
CCA	因果分析
DEV.	开发
DHSV	井下安全阀
DNV	挪威船级社
DRLG.	钻井
ERCB	加拿大节能局
EXPL.	勘探
FAR	死亡事故率
FTA	故障树分析
GoM	墨西哥湾
HAZOP	危害及作业可行性
HP/HT	高温高压
HSE	健康安全主管（英国）
ILCI	国际损失控制协会
ISRS	国际安全系数系统
MMS	美国矿产资源管理服务局
MORT	管理疏忽与风险树
MWD	随钻测量
NAF	美国尼尔－埃德蒙消防队
NWTB	井喷井序号
NPD	挪威石油董事会
NTH	挪威科技协会（1996 年 1 月前）
NTNU	挪威科技大学（1996 年 1 月 1 日起）

OARU   职业危害研究部
OCS   外大陆架
OSD   海洋安全部
QRA   定量风险分析
ROCOF 失效率
SCSSV 地面控制井下安全阀
SEMP   安全环保管理规程（美国）
SMORT 安全管理和组织评审技术
STEP   连续时间事件曲线
TLP   张力腿平台
WOAD   世界海上事故数据库（挪威）
WR   可用电缆回收的

参 考 文 献

1 *Accidents Associated With Oil and Gas Operations,* OCS report MMS 92−0058, U. S. Department of Interior, Minerals Management Service, USA, May 1992.

2 *Accidents Associated With Oil and Gas Operations,* OCS report MMS 95−0052, U.S. Department of Interior, Minerals Management Service, USA, September 1995.

3 *Acts, Regulations and Provisions for the Petroleum Activity,* Norwegian Petroleum Directorate, Norway, 1995.

4 Adams, N., and Kuhlman, L., *Kicks and Blowout Control, Second Edition,* Pennwell Publishing Company, Tulsa, OK, USA, 1994.

5 Adams, N. et al., *Shallow Gas Blowout Kill Operations, SPE 21455,* SPE Middle East Oil Show, Bahrain, November 16−19, 1991.

6 *A Guide to the Offshore Installations (Safety Case) Regulations,* 1992, Health and Safety Executive, Sheffield, United Kingdom.

7 API Standard 14J, *Design of Hazards Analysis for Offshore Production Facilities,* American Petroleum Institute, First Edition, Washington D.C., USA, November 1993.

8 *API Standard Definitions For Petroleum Statistics,* Technical Report, No.1, Fourth edition, Washington D.C., USA, 1988.

9 API Standard RP75, *Recommended Practices for Development of a Safety and Environmental Management Program for Outer Continental Shelf (OCS) Operations and Facilites,* American Petroleum Insitute, First Edition, Washington D.C., USA, May 1993.

10 Bedford, S.A., and Smith, I., *Coiled tubing operations in the northern North Sea, Magnus Field,* Amsterdam 2nd International Conference and Exhibition on Coiled Tubing, Amsterdam, The Netherlands, June 27−30, 1994.

11 Bird, F.E., and German, G.L., *Practical Loss Control Leadership,* Institute Publishing, Division of International Loss Control Institute, Loganville, GA, USA, 1985.

12 *BOP Stacks and Well Control Equipment Consulting and Training,* 1993 Newsletter, West Hou Inc, Katy, TX, USA, 1993.

13 Borehole list for exploration and development wells, Digitale Datasammenstillinger fra Oljediretoratet, Norway, 1996.

14 *CARA Fault Tree,* SINTEF Industrial Management, Safety and Reliability, Trondheim, Norway, 1996.

15 *Code of Federal Regulations, 30, Parts 200 to 699,* Revised as of July 1995, Office of Documents of General Applicability and Future Effect, Washington D.C., USA, 1995.

16 Corner P.J. et.al., *A Driller's Hazop Method, SPE 15867, EUROPEC,* London, United Kingdom, 1987.

17 *Development of the Oil and Gas resources of the United Kingdom (Brown Book),*

Department of Energy, London, United Kingdom, June 1980.

18 *Development of the Oil and Gas Resources of the United Kingdom (Brown Book),* 1992 and 1993 editions, Department of Trade and Industry, London, United Kingdom.

19 *EU Common Position, Control of Major Accident Hazards Involving Dangerous Substances (Seveso—Directive),* Brusseles, Belgium, 1995.

20 *Fatal Accidents at Work, Fatal accidents in the Nordic Countries over a ten—year period,* The Danish Working Environment Service, Copenhagen, Denmark, April 1993.

21 Fosdick, M., R., *Compilation of Blowout Data from Southeast U.S./Gulf of Mexico Areas Wells,* Master of Science thesis, University of Texas at Austin, August 1980.

22 Grace R.D., *Advanced Blowout & Well Control,* Gulf Publishing Company, Houston, TX, USA, 1994.

23 Grepinet, M. *The Shallow Gas Threat, a Difficult Challenge to cope with,* 6th Annual IBC Tech LTD Offshore Drilling Technology Conference, Aberdeen, Scotland, 25—26 November 1992.

24 *Guidelines for Chemical Process Quantitative Risk Analysis,* American Institute of Chemical Engineers, AIChe, New York, USA, 1989.

25 *Guidelines for Hazard Evaluation Procedures,* American Institute of Chemical Engineers, AIChe, New York, USA, 1985.

26 Hale, A.R, and Glendon, A. I., *Individual behaviour in the Control of Danger,* Elsiever, Amsterdam, The Netherlands, 1987.

27 Hellstrand, T., *Drilling Shallow gas in the Norwegian Sector,* IADC European Well Control Conferrence, Esbjerg, Denmark, November 1990.

28 Hendnck, K., and Benner, L., *Investigating Accidents with STEP.* Marcel Dekker, Inc., New York, USA, 1987.

29 Holand, P., *Offshore Blowouts, Causes and Trends,* Ph. D. Thesis, Norwegian Institute of Techology, Trondheim, Norway, 1996.

30 Holand, P., *Offshore Blowouts, Data for Risk Assessment,* ASME paper No. OMAE—95—1333, Copenhagen Denmark, June 1995.

31 Holand , P., *Reliability of Surface Blowout Preventer (BOPs),* SINTEF Report STF 75 F91037, Trondheim, Norway, 1992.

32 Holand, P., "Subsea Blowout Preventer Systems, Reliability and Testing" , *SPE Drilling Engineering, December* 1991.

33 Holand, P., *Subsea BOP Systems, Reliability and Testing Phase V, revision 1* (this revision 1 is based on a report with the same title published in 1990). SINTEF report STF 75 A 89054, Trondheim, Norway, 1995.

34 Holand, P., "Well barrier analysis, blowout risk, reliability of subsea blowout preventers" , Lecture at the EEU course, Safety and reliability of subsea production systems, Norwegian Institute of Technology, Trondheim, Norway 1993.

35　Hughes, V. M. P., Podio, A. L., Sepehrnoori, K, "A Computer–Assisted Analysis of Trends Among Gulf Coast Blowouts", *In Situ Journal*, 14(2), 201–228, USA, 1990.

36　*Hydril Compact Blowout Preventers, Lightweight Field Serviceable Systems, Brochure*, Hydril Company, Houston, TX, USA.

37　H ϕ yland, A., *Sannsynlighetsregning og statistisk metodeloere, del II metodeloere*, Tapir, Trondheim, Norway, 1983 (in Norwegian).

38　H ϕ yland, A., and Rausand, M., *System Reliability Theory; Models and Statistical Methods*, John Wileys Sons, New York, USA, 1994.

39　Johnson, W.G., *MORT Safety Assurance System*, Marcel Dekker, New York, USA, 1980.

40　Jones R.B., *Risk–Based Management, A reliability centred approach*, Gulf Publishing Company, Houston, TX, USA, 1995.

41　Kjellen and Hovden, J., "Reducing risks by deviation control a retrospection into a research strategy", *Safety Science*, 16:417–438, 1993.

42　Kjellen, Tinmannsvik, R. K., Ulleberg, T., Olsen, P. E., and Saxvik, *MORT Sikkerhetsanalvse av industriell organisasjon, offshore jon*, Yrkeslitteratur, Oslo, Norway,1987 (in Norwegian).

43　Lees, F. *loss prevention in the process industries, Volume 1*, Butterwo Heineman Ltd, Oxford, United Kingdom, 1980.

44　Letter from N. G. Frizzell, Minerals Management Service, GoM OCS region, Pence MS5221, March 26, 1992, New Orieans, LA, USA.

45　Letter from Norwegian Petroleum Directorate, ref code OD 94/471–1, September 8, 1995, concerning Nomvegian Offshore Accident NPD regarded the list of accidents enclosed to the letter unofficial and could not guarantee that all accidents were included.

46　Maclach M., *An Introduction to Marine Drilling*, Dayton's, Oilfield Perplications Limited, United Kingdom, 1987.

47　Martin With *New MMS Drilling Regulations* SPE/IADC 18674, SPE/IAD drilling Conference, New Orleans, LA, USA, Feb. 28–March 3, 1989.

48　Molnes E., *Reliability of Well Completion Equipment*, SINTEF Report STE 5 F89030, Trondheim, Norway, 1989.

49　Molnes, E. M., *Reliability Analyses of Subsea and Well Systems* Practical Results and Limitations, Petrobras IV Technical Meeting Reliability Engineering, Rio de Janeiro, Brazil, Aug.7–10, 1995.

50　Moore, B., "Shallow gas hazards – the HSE Perspective", *Petroleum Review*, Ued Kingdom, September 1992.

51　*NPD Annuai Reports*, 1980 to 1994 editions, Norwegian Petroleum Directora (NPD), Stavanger, Norway.

52　Offshore Accident and Incident Statistics Report 1994, *Offshore Technology Report –* OTO 95 953, Health and Safety Executive, Sheffield, Kingdom, May 1995.

53　*Oil Spill elligence Report,* Vol. III, No.4, Aug. 22, 1980.

54　*Oile en gas Nederland opsporing en winning 1993,* Ministry of Economic Affairs, Directorate General for Energy Information Directoration, The Hague, The Netherlands, April 1994.

55　Rike J. L. et al., *Completion and Workover Well Control Needs are Different, SPE 21563,* Calgary, Canda, June 10—13, 1990.

56　Roche, J.R., Equipment for diverting shallow gas, Petro—Safe Pennwell Conference, USA, Oct. 3—5, 1989.

57　*ROCOF— PC Program for Analysis of Life Data for Repairable Systems—β version,* Developed by SINTEF Safety and Reliability, Trondheim, Norway, 1991.

58　Rosenberg, T., Nielsen, T. E., "Blowout Risk Modeling", OMAE Volume II, Safety and Reliability, Copenhagen, Denmark, June 1995.

59　Safety & Environmental Management Program (SEMP), Minerals Management Service, Internet address http：// www.mms.gov, updated Oct. 10, 1995.

60　Sewell, S., Director, Minerals Management Service, press release # 30001, USA, January 1993.

61　*SINTEF Offshore Blowout Database,* April 1995 release, incl *Users'Manual,* Trondheim, Norway, 1995.

62　*Statistical Yearbook 1995,* Statistics Norway Oslo—Kongsvinger, Norway, 1995.

63　Surry, J., *Industrial Accident Research. A Human Engineering Appraisal,* Labour Safety Council, Ontario Ministry of Labour, Toronto, Canada, 1974.

64　Tallby R.J., *Barriers in Well Operations,* Statoil Report no R00290rjt/RJT, Stavanger, Norway, 1990.

65　Telephone conversation with Bartholomew, Henry G., deputy associate director for offshore operations and safety management, Minerals Management Service, Nov. 9, 1995.

66　Telephone conversation with Russ Hornzaa, Department of Trade and Industry, Production/injection data from 1991, 1992 and 1993.

67　The Bureau of Labour Statistics, Agency within the U.S. Department of Labour, accessed via Internet. Address http：// stats.bls.gov/blshome.html, USA, 1995.

68　*The Energy report, Development of the Oil and Gas Resources of the United Kingdom, Volume 2, (Brown Book),* Department of Trade and Industry, London, United Kingdom, 1994.

69　*The North Sea Field Development Guide 4th edition,* Oilfield Publications Limited (OPL) Ledbury, United Kingdom, June 1992.

70　*The Public Inquiry into the Piper Alpha Disaster (Cullen report),* Department of Energy, HMSO 1990 ISBN 0 10 113102 X, United Kingdom, 1990.

71　US GoM OCS wells drilled, Minerals Management Service, Internet address http://www.mms.gov/omm/gomr/homepg/pubinfo/freeasci/well/freewell.html. The version of 27

June 1996 has been used.

72 *West Vanguard rapporten (The West Vanguard Report),* Norsk Offentlig Utredninger NOU report 1986:16, Norway (in Norwegian).

73 *WOAD, World Offshore Accident Databank, Statistical Roport 1994,* DNV Technica, Norway, 1994.

74 *World Oil,* February issues (1980—1995), Gulf Publishing Company, Houston, TX, USA.

75 ϕ steb ϕ , R. et.al., *Shallow Gas and Leaky Reservoirs,* Norwegian Petroleum Society Conference, Stavanger, Norway, April 10—11, 1989.

国外油气勘探开发新进展丛书（一）

书号：3592
定价：56.00 元

书号：3663
定价：120.00 元

书号：3700
定价：110.00 元

书号：3718
定价：145.00 元

书号：3722
定价：90.00 元

国外油气勘探开发新进展丛书（二）

书号：4217
定价：96.00 元

书号：4226
定价：60.00 元

书号：4352
定价：32.00 元

书号: 4334
定价: 115.00 元

书号: 4297
定价: 28.00 元

国外油气勘探开发新进展丛书(三)

书号: 4539
定价: 120.00 元

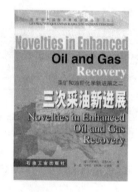

书号: 4725
定价: 88.00 元

书号: 4707
定价: 60.00 元

书号: 4681
定价: 48.00 元

书号: 4689
定价: 50.00 元

书号: 4764
定价: 78.00 元

国外油气勘探开发新进展丛书（四）

书号：5554
定价：78.00 元

书号：5429
定价：35.00 元

书号：5599
定价：98.00 元

书号：5702
定价：120.00 元

书号：5676
定价：48.00 元

书号：5750
定价：68.00 元

国外油气勘探开发新进展丛书（五）

书号：6449
定价：52.00 元

书号：5929
定价：70.00 元

书号：6471
定价：128.00 元

书号：6402
定价：96.00 元

书号：6309
定价：185.00 元

书号：6718
定价：150.00 元

国外油气勘探开发新进展丛书（六）

书号：7055
定价：290.00 元

书号：7000
定价：50.00 元

书号：7035
定价：32.00 元

书号：7075
定价：128.00 元

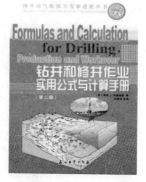

书号：6966
定价：42.00 元

书号：6967
定价：32.00 元

国外油气勘探开发新进展丛书（七）

书号：7533

定价：65.00元

书号：7802

定价：110.00元

书号：7555

定价：60.00元

书号：7290

定价：98.00元

书号：7088

定价：120.00元

书号：7690

定价：93.00元